脱どんぶり勘定!! すぐに使えるノウハウを凝縮!

水産業者のための会計・経営技術

有路昌彦　近畿大学農学部水産学科
水産経済学研究室准教授

緑書房

はじめに

　私はこれまで多くの水産経営体の再建や会社の立ち上げを仕事として行ってきました。集中的に経営再建の仕事をして10年ほど経ち、多いときには年間15件くらいの案件に取り組むこともありました。またいくつかの会社の経営にも従事しています。そして、このような何十という経営再建を進めているうちに気がついたことがあります。それは「1人で経営再建を行っていても間に合わない」ということです。

　それほどまでにわが国の水産業を取り巻く経営環境は急速に変化し、90年代の好景気に合わせたままの企業が経営難に陥っています。TPPのようなやや強力な自由化交渉も始まり、これまで通りのようにはいかない状態になっています。TPPは加盟国の中で国内外のルールを統一化するものであるため、さまざまなローカルルールがなくなります。ビジネスチャンスが拡大するのも事実ですが、逆に経営が「勝てる状態」でなければ、諸外国にマーケットは奪われてしまいます。ならばどうするべきかといえば、答えは1つ、「強い経営を作る」ことです。

　ほかにはない優れた商品を生産できること、変化に機敏に対応できる経営技術を持っていることが強い経営を作るために必要です。しかし、現時点では大規模経営を除き、わが国の水産業の経営技術は諸外国より優れているわけではありません。有利な部分はたくさんありますが、その一方で不利な部分もあります。例えば、世界で統一された水準になることがほぼ明確になっている衛生管理への対応は十分でなく、自由化に対する準備は不十分です。そして準備にかけられる時間は限られています。

　その対策の第1歩は、過去にしがみついていてもその先には終わりしかないことを知ることです。つまり、変化しなければならないという意識です。しかしほとんどの経営体が「今耐えれば大丈夫」、「また良くなる」と考えていることが多く、何も手を打っていません。給与体系はそれで良いのか、そもそも商品はそれで良いのか、事業の形はそれで良いのか、という根本的な部分が20年間変わらないままなことが多いのです。特に経営難に陥ってい

る経営体ほどその傾向は強いといえます。

　そして変化しようと決意したときに必要となるもの、それが本書でお伝えする「経営技術」なのです。

　さて、私がさまざまな経営再建の仕事をする中で、そのポイントをまとめてきたノートがあります（今ではPCのファイル）。これは、国内外の経営関連の書籍や指導事例などを論理的に整理し、1つの技術として体系化すれば、共有するのが楽になるのではないかという思いから、自身の成功や失敗の要因を分解して研究者としての分析や考察を加えながら作ったものです。

　月刊「養殖」（2010年8月号〜2011年10月号掲載、2012年4月号より月刊「養殖ビジネス」にリニューアル）にて、その内容を紹介してきましたが、本書は、養殖業者だけでなく水産業者全般に読んでいただけるように、改めて加筆・修正を行った「経営技術の教科書」です。基本的に私の経験に基づいていますが、理論は学術的なものにも従っており、単なるケーススタディではありません。そしてこの経営技術を多くの経営者の皆さんと共有することが、わが国水産業の経営技術を高め強い経営体に再生させていくことにつながると思い、今回の出版に至ります。

　私がこれまで実施してきた経営再建の方法を一言に集約すれば「儲かる形にすること」になります。特に、漁協の経営指導や漁業経営体の経営指導は、最終的に数字上で黒字を出すだけではなく、長期で黒字を出せる体質を作ることを目的にしています。

　短期的に数字のつじつまを合わせるのは比較的難易度が低いものです。従業員の定年退職後に人員補充をしなかったり、赤字の事業を止めたり、とにかく費用削減に努めたりすることで可能になります。しかしこの場合、同じ生産性を保てるかというとそうでもなく、合理化によって企業の贅肉を削ごうと思ったら、筋肉や骨や内臓まで削いでしまうこともあります。単に会計的な視点だけで経営再建を行うのは極めて危険なのです。よって大切な機能を特定し、それを維持または追加しながら、低い生産性の原因を突き止め、生産性の改善を中心に再建をするようにしていきます。

　その中で、いわゆるリストラもあります。きれいごとばかりで経営を再建することなどできません。しかし従業員が未来に希望を持ってがんばった結果として経営の再建があるように計画を立てなければ、経営体は根幹から崩れてしまうものだと考えています。そのためには数字の把握だけでなく、事

実の確認のためのヒアリング、コミュニケーションを軸にしたモチベーションアップ、そして内外のあらゆる関係者への調整など、さまざまな外堀を埋める地道な改善を「明確な戦略性」を持って行わなければなりません。

よく「戦略」という言葉が使われますが、一言でいうとそれは勝つための方針そのものであるため、決して間違ってはならず、常に考え抜いたベストなものでないといけません。決して複雑なものが良いとは限らず、シンプルに説明できるものでも本質をついていたら効果があります。つまりどのような経営も方向性が明確でないといけないということに尽きるのです。

しかしその理解がないままでは、経営者も従業員も「戦略、戦略というけど、なんだそれ」というあいまいな姿勢になりますし、「現場の現実が分かっていない」、「そんな方法ではダメに決まっている」という拒絶の考えに至ります。経営者がそうなってしまえば、当然、周囲もそうなります。特に戦略的思考を持ったことがない人、対処療法的なやり方が主な手法だった人、与えられたことをこなすことに特化して効率化した人にとっては「経営は戦略に従う」ということを、現在の自分自身のやり方の否定と受け止めてしまい、理解することを拒絶してしまう場合があります。そしてそういう心理状態になってしまうと、常に不安で仕方がなくなるので、同じような状況で変化を拒絶する人たちで集まって、お互いに変化しない自分を肯定しあって安心してしまいます。

もちろん、今の方法でうまくいっているのであれば、再建や改善の必要はないでしょう。しかし今の方法でうまくいっていないのであれば「経営者である自分が間違っている可能性がある」ということを受けとめてください。なぜなら、本当の改善とは経営にかかわる人自身の「成長」が源泉であり、成長は自分の過ちに気がついてその部分を修正することでしかあり得ないからです。

本書は、経営体を成長させてこれからも持続的に水産業を営むことを望む方々に、経営技術を共有していただくためのツールです。ぜひご活用いただいて、ご自身の経営の武器を強化していただきたいと思います。

目次

はじめに ………………………………………………………………… 3

第1章　持続可能な経営とは何か ……………………………… 9
（Ⅰ）水産における経営技術の必要性 ……………………………… 10
・水産業には「経営技術」がよく効く／経営の成否を握るのは「技術」／経営技術とは何か？／経営技術は経営者が有するべき技術／今こそ必要な「経営技術」

（Ⅱ）経営に必要な機能 ……………………………………………… 14
・経営を構成する3つの機能／3つの機能の中身（マネジメント、生産、販売）／マネジメント機能（戦略、人事、ガバナンス、予算）／生産機能（研究開発、人材）／販売機能（マーケティング、広報）

第2章　経営の血液検査 …………………………………………… 25
（Ⅰ）会社の状態を示す財務諸表 …………………………………… 26
・まずは検査から行おう！／財務分析という血液検査／財務諸表とは何か？／損益計算書で収益状況を見る／貸借対照表はどれだけお金があるかを示す／キャッシュフロー計算書は会社の継続可能性を示す

（Ⅱ）損益計算書（P/L）の読み方＆作り方 ……………………… 34
・儲かっているってどういうこと？／利益と費用の見方／売上高は伸びるか伸びないか／費用をじっと見る／損益計算書の作り方

（Ⅲ）貸借対照表（B/S）の読み方＆作り方 ……………………… 44
・貸借対照表の深い意味／右と左が対照されている表／誰のお金で事業をしているのか（右の意味）／お金をどのように使っているのか（左と全体の読み方）／貸借対照表の作り方

（Ⅳ）キャッシュフロー計算書（C/F）の読み方＆作り方 ……… 55
・利益が出ているだけでは会社は持続可能とは限らない／キャッシュフロー計算書は「本当の現金の状況」を示す／キャッシュフロー計算書とは？／キャッシュフロー計算書の読み方／キャッシュフローで分かる経営状態／キャッシュフロー計算書の作り方

第3章　自社の経営を見抜く …………………………………… 67
（Ⅰ）売上高はどれだけ上げればいいのか（損益分岐点分析）… 68
・企業の利益と損益分岐点分析／すべての経営者は損益分岐点を把握せよ／損益分岐点分析とは？／損益分岐点の公式／損益分岐点分析と固変分解の方法／会社がどこにいるのかを把握する
（Ⅱ）生産性は高いのか低いのか ……………………………… 77
・「生産性」は「儲ける力」／生産性が低いのは放置できない／付加価値額の計算方法／生産性分析／生産性の違いはなぜ発生するのか／生産性を上げる経営

第4章　経営者が経営を動かす方法 …………………………… 87
（Ⅰ）経営者の役割①〜生産性の向上〜 ……………………… 88
・経営者と生産性／「経営者」とは／生産性を食いつぶす「モラル・ハザード」／モラル・ハザードの2つの発生パターン／経営者の生産性向上での役割／経営者が得るもの
（Ⅱ）経営者の役割②〜戦略の作り方と実践方法〜 ………… 97
・経営者は会社の脳みそである／戦略の作り方／情報収集／分析／方向性の決定／FS（フィージビリティ・スタディ）／経営判断／できた戦略の扱い
（Ⅲ）戦略の実行とアクションプラン ………………………… 107
・戦略は実行されないと意味がない／戦略が実行されない原因／戦略の実行の3つの要素／指示は必ず実行し、現場の声は必ず戦略に生かす

第5章　経営を再建してよみがえらせる　……………… 117
（Ⅰ）経営再建のための具体策①〜再建の基本〜 …………… 118
- 経営の再建／再建の手順／現状の把握／再建のゴールと期限を決める／再建に必要なものを確定する／再建のチームを内と外にそれぞれ作る／再建プランを確定し実行する／注意点／経営は再建できる

（Ⅱ）経営再建のための具体策②〜再建計画の立て方〜………… 129
- 経営再建計画／経営診断／問題の発見／問題の発見を妨げるもの／再建の戦略づくり／経営再建計画の内容／ネガティブではなくポジティブに

（Ⅲ）経営再建のための具体策③〜お金の借り方〜 …………… 138
- 銀行からの融資は不可欠／借りたお金は返さないといけない／なぜお金を貸してくれるのか　〜金利と費用の関係〜／貸す側にとって何がリスクか／きちんと借りるためにリスクを下げる／練られた事業計画が必要／実績の積み重ねが大事／事業をするという覚悟／実際にどうやって話をしていくか

第6章　経営技術で会社は健全になる ……………… 149
（Ⅰ）儲かる経営は必ずできる ……………………………… 150
- 儲からないのには必ず理由がある／経営は技術に依存する／自分だけで解決しようとしてはいけない／確かな根拠と明確な方向性／あってほしいと望まれること

（Ⅱ）強いリーダーシップが不可欠 ………………………… 154
- 大切なのは強い体制／意見を集め分析しないといけないし、迎合してもいけない／強い意志が動きを生む／儲かる経営は必ずできる

おわりに……………………………………………………………… 158

第 1 章

持続可能な経営とは何か

I 水産における経営技術の必要性

水産業には「経営技術」がよく効く

　水産業全体で見てみると、毎日のように経営を取り巻く条件が変わっています。グローバル化の影響もあれば、流通構造の変化、消費者の消費形態の変化などもその条件を変えています。

　常に変動する天然資源を直接的に捕獲する「漁船漁業」は文字通り、毎日条件が変わるため、天然資源以外の経営リスクを可能な限り下げなければ経営が成立しません。「養殖業」に関しても、計画的に仕入れを行い、それに基づいて生産を行うという意味では、漁船漁業より経営の技術に依存する部分が大きくなります。また競合する生産物価格の変化の影響も受けます。養殖魚なら、天然で漁獲された同じ魚種が豊漁であれば相場が低下します。

　いずれにしても「変化する経営環境」にうまく対応することが必要となります。これは、強い経営を水産業で実現する上で、「経営技術」が十分に効力を発揮し得ることを意味します。逆をいえば、経営がうまくいくかどうかは、経営者の行う経営に依存していることを意味します。

　経営が重要であることは中小の製造業でも同じことであり、水産業において特殊な条件があるわけではありません。しかし、環境変動リスクは水産業の方が製造業より大きくなります。この環境変動リスクは時化の海の航海に似ています。荒波を乗り越えるには、しっかりとした舵取りの技術が不可欠です。つまり、水産業は製造業よりも経営技術がフィットする生産業であると言えます。その経営技術を「水産業仕様」に翻訳して、しっかり使っていこうというのが、本書の目的です。

経営の成否を握るのは「技術」

　昨今の水産業を取り巻く状況はあまり良いとはいえず、倒産が相次ぎ、借金がかさんでいる経営体が多くあります。その背景には、漁船漁業の場合

は、資源の減少、産地市場価格の低迷、燃油価格の高騰などがあります。養殖業では市場規模に対して特定魚種の過剰生産、餌料価格の高騰など数多くの要因があります。

　それらをただの経済現象として「自由競争の中で中小経営体が淘汰され、大規模経営に集約化されている」と一言で述べてしまうのは、いささか白旗を上げるのが早すぎるのではないかと思います。また、規模を大きくすることだけが経営力を高めることではありません。経営規模にかかわらず、どのようにしていけば経営が良くなるのか、その技術を学ぶことの方が優先事項に思えます。

　事実、規模がそれほど大きくなくても経営状態が良い水産関連企業は数多くあります。製造業やサービス業などの異業種に目を向ければ、中小でも高収益で元気な企業はたくさんあります。こういった企業に通じる特徴は、一言でいうと「経営技術が高い」ということです。自らの得意分野を伸ばし、尖った存在になること、社会に必要とされ、顧客に必要とされる存在になることが、経営技術によって可能になるのです。格闘技なら体が大きければ強い、という単純なことではなく、体は小さくてもスピードや技が素晴らしいから強いというケースもたくさんあるでしょう。それは経営でも全く同じことなのです。

　だからこそ、筆者は、日本の漁村地域の経済を支え、そして食料の供給において重要な役割を果たしている水産業が、経営技術によって元気になってほしいと思っています。そして、経営技術を用いれば、それは「可能である」と、これまで数多くの経営体の再建に取り組んできた経験から確信しています。

経営技術とは何か？

　さて、本書が目標とするところの経営技術とはいったい何なのでしょうか。一言でいえば、経営をうまくやっていくために必要な技術のことです

漁船漁業（ぎょせんぎょぎょう）：無動力または動力漁船を使用する漁業（養殖、定置および地曳網を除く）。漁獲が変動するため、それ以外のリスクを低減させることが安定経営に有効。
養殖業（ようしょくぎょう）：水産物を、その本体または副生成物を食品や工業製品などとして利用することを目的として、人工的に育てる漁業。漁船漁業より経営技術に依存する部分が大きい。

が、それは具体的には何なのでしょうか。この疑問に１つ１つ答えながら、本書は進んでいきますので、本書を読み終えたときには自然と経営に必要な技術が身に付いていることでしょう。

さて、経営者は経験と勘に頼るだけで経営を行っているのではありません。ありとあらゆる手法を織り交ぜまがら、「企業」という価値を生み出す組織を存続できるように舵取りしなければなりません。あえて本書でこの舵取りを経営技術と呼んでいるのは、経営の舵取りは優秀で特別な人物がやるものではなく、学ぶことによって会得できるものであることを強調したいからです。

もちろん、経営は実際にやってみないと分からないことばかりです。しかし、事前に理屈や手法を知っていれば、すべての経験が学びのきっかけとなり、そしてすべての体験を自分の血肉とすることができます。すなわち、本書は水産関連企業の経営の舵取りをしなければならない立場の人が、「強い経営者」になることを強力に後押しするガイドブックとなるように構成しています。

経営技術は経営者が有するべき技術

つまり経営技術とは、経営者が本来持っておかなければならない技術のことです。経営者とは繰り返しになりますが組織の命運を握る存在です。日本の場合、企業に長く務めた優秀な人、また一族経営なら跡取りの人が経営者になります。しかし「経営者になれ」といわれてすぐに経営者として明確な方向性を打ち出せるものではありません。それには経営とは何かを理解し、その技術を学ばなくてはなりません。

経営はあらゆる機能によって構成されており、人が集まって価値ある商品・サービスを生み出し、それを分配するというものです。もし会社が機能不全を起こせばその先にあるのは倒産です。そのため機能が正しく動くようにコントロールしなくてはなりません。それぞれの機能を効果的に働くようにすることができれば、会社を持続可能なものにしていくことができるでしょう。

繰り返しになりますが、このようなことからも「経営技術は経営者が有するべき技術である」ことが分かるでしょう。

第1章 持続可能な経営とは何か

今こそ必要な「経営技術」

そして、2011年末より、TPPのような貿易自由化の議論が現実のものになっています。既に韓国や中国とFTA交渉をすることにもなっています。こういった完全な自由貿易は、関税だけでなく規制も撤廃になります。日本の水産業にとってはメリットもデメリットもあります。

大きなデメリットは、「①日本の労働市場に外国人労働者が増える、②賃金は国外水準に平準化されることにより、消費者が払うことのできる金額が減少してしまう」ということです。つまり内需の冷え込みが発生します。

一方メリットには「国外にマーケットが広がる」ことが挙げられます。ただ、それを享受するためには、国際的な貿易上のスタンダードである**衛生条件**を満たさなければならないので（最低限FDAのHACCPが必要）、早めに対応しなければ市場から淘汰されてしまいます。しかし、衛生管理の強化やそれを用いた**マーケティング**や経営改善も、基本的には経営技術の結果、導入が可能になるものです。つまりこういった変化する条件に対応しなければならない今こそ必要な技術が、本書で紹介する経営技術なのです。

日本の水産業は、世界有数の漁場と、世界最高の養殖技術、そして世界最高の鮮度保持技術を持っています。この優位性を活かし、ビジネスを成功させられるか否かは、すべて経営技術にかかっているといっても過言ではありません。

衛生条件（えいせいじょうけん）：食品などの加工場や養殖生産施設などにおける食品衛生上の管理方法。HACCP、ISO22000：2005などがある。
マーケティング（まーけてぃんぐ）：顧客が求める商品・サービスを作り、その情報を届け、その商品を効果的に得られるようにする活動のすべてを指す概念。広告、宣伝などだけではない。

II 経営に必要な機能

経営を構成する3つの機能

　会社が倒産せずに続いていくためには、収益を成り立たせること、現金（キャッシュ）が枯渇しないことが重要です。また別の視点から見ると、経営にとって不可欠な機能が明確に存在し、かつ機能不全でないことが必要になります。

●自動車はなぜ走る？

　この会社の機能を理解するために、経営を「自動車の運転」に置き換えて考えてみましょう（図1-1）。自動車はたくさんの部品によって作られています。人を部品に置き換えて考えることは「人の意思を否定して不謹慎だ」という人もいるとは思いますが、ここは機能を説明する例えです。

　部品にはそれぞれなくてはならない役割があり、その役割を正確に果たすことが求められます。自動車は燃料であるガソリンを供給し、それをドライバーがアクセルを踏んだりゆるめたりすることで、出力をコントロールします。そしてドライバーはハンドルで方向を定めます。ガソリンを供給されたエンジンは動いて力を生み、その力はトランスミッションによってタイヤに伝えられ、タイヤから地面に力が伝わって、前に進みます。そして目的地に向かうのです。

　主な機能を挙げると、自動車を操作する「ドライバー」、燃料が供給され、力すなわち原動力を生む「エンジン」、その力を地面に伝え推進力に変える「タイヤ」となります。この3つの機能があって、初めて目的地に向かうことができると考えられます。

●会社はなぜ回る？

　これを会社に置き換えると以下のようになります。会社の行き先を決め操作をする経営者による「**マネジメント**機能」、燃料である予算が供給され会社の力の源泉である商品を生む「生産機能」、その商品をクライアントに売り収益に変える「販売機能」の3つの「機能」があって、事業、つまりは経

第1章 持続可能な経営とは何か

図1-1 車が走る機能と会社が回る機能

営が成立します。

3つの機能の中身（マネジメント、生産、販売）

この3つの機能はいくつかの機能によって構成されています（図1-2）。
●マネジメント機能

マネジメント機能は、「戦略策定機能」、「人事機能」、「ガバナンス機能」、「財務経理機能」に分かれます。

まず会社には「この会社をこんな事業で運営します！」という会社の方向性と実行方針を固めた戦略が必要で、それが「戦略策定機能」になります。戦略策定機能は会社経営の基本になります。そして「戦略」が成立するように能力によって人を適所に分配すると同時に、社員に目標を与え、その目標

マネジメント（まねじめんと）：目標、目的を達成するために必要な要素を分析した上で、成功するために手を打つこと。主に必要な要素は、目標・目的を明確化し戦略を策定する、人材を適材適所に分配し適正な評価を行う、戦略の進捗・達成状況を統制する、予算を確保し分配することである。これは狭義での経営を意味している。

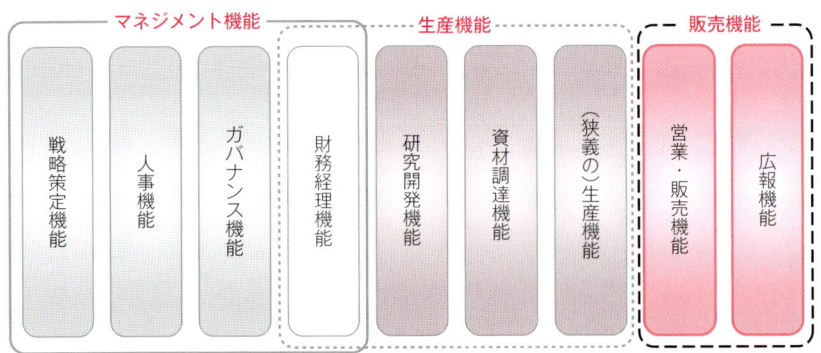

会社経営を継続させるためには、「経営の機能」がすべて健全でなければなりません。「経営の機能」を大きく分けると、会社の舵取りを行って管理する「マネジメント機能」、商品を作る「(広義の)生産機能」、そしてその商品を売って収益を得る「販売機能」となります。そしてその3つの機能はさらに細かい機能に分類されます。

図1-2　経営を構成する機能「①マネジメント、②生産、③販売」

に対する成果を正しく評価することで社員のやる気をコントロールするのが「人事機能」です。また、戦略がしっかり会社の隅々にまで行きわたり経営者の意図通り連動するように統制するのが「ガバナンス機能」です。戦略に基づいて人を配分し、同時に予算を確保して分配するのが「財務経理機能」です。

●生産機能

　生産機能とは書いて字のごとく、商品を生産する機能です。企業は原資をもとに商品を生産し販売して、収益を得るという「活動の場」であるため、当然この「生産機能」が優れていなければ、十分な収益を得ることができません。

　生産機能は、マネジメント機能の一部でもある「財務経理機能」があり、ここで予算と出納管理が行われます。その上で配分された予算をもとに動く「商品開発機能」と「資材調達機能」があります。次にそれらの準備をもとに商品の生産活動が行われる「(狭義の)生産機能」があります。

●販売機能

　商品ができれば、当然ですが販売しなければなりません。それが「販売機

能」です。販売機能は自動車でいうとタイヤに当たるものなので、ここがしっかりしていないと決して前に進むことができません。

販売機能には「営業・販売機能」という、実際に商談を作って売っていく機能と、大枠で商品価値を高め商談の機会を増やすために行われる「広報機能」の2つがセットになっています。さらにこの「営業・販売機能」は加えて重要な役割があります。それは顧客のニーズやその変化など「市場の可能性」と「商品の改善余地」を顧客から直接聞き取ってくることと、それを分析しつつ、生産機能の「研究開発部門」および「マネジメント機能」の「戦略策定機能」に絶えずフィードバックすることです。

会社の収益状況が悪くなっていっている企業の多くに、この機能が失われている現象が見られます。

マネジメント機能（戦略、人事、ガバナンス、予算）

それではこれらの3つの機能をさらに詳しく説明します。まずマネジメント機能です。繰り返しますが、マネジメント機能とは、戦略を策定して、人材を最適に分配し、それを統制しつつ、予算分配する機能です（図1-3）。狭義で「経営」といえばこれを指します。

●戦略を作り込む

マネジメント機能でまず重要なのは「こういう市場に、こう対応した、この商品を、この予算で作って、この価格で売って、これだけの収益を上げましょう」と具体的に、企業の商売の方向性とその内容を「戦略」として作り込むことです。収益状況が悪い企業のほとんどでいえることですが、この「戦略策定機能」が失われてしまっていることが多くあります。

戦略を作るには、正確な情報と「何をすればどうなる」という予測できる分析力と、社員をまとめて引っ張る統率力が必要です。結局社員にしても、「この戦略で間違っていない」と十分に理解して安心できることが大事であり、社員にとって拠り所になる「ロジック」そのものが「戦略」なのです。

ガバナンス（がばなんす）：集団のメンバーが中心となり、規律を重んじながら相互協力をすることで目標に向けた意思の決定や合意を形成を行いながら集団の円滑な運営を図ること。

財務経理（ざいむけいり）：予算管理＆出納管理の意。財務諸表を核とする会計情報を、企業外部の利害関係者に提供する「財務会計」と、企業内部に情報提供する「管理会計」に大別できる。

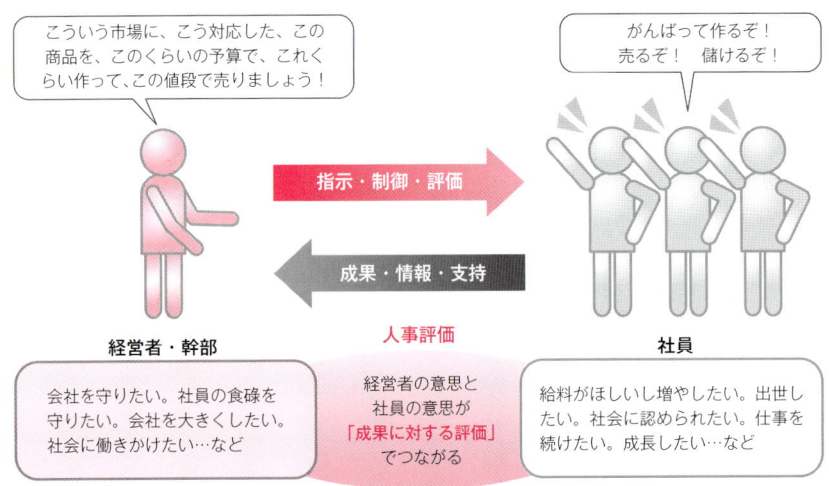

図1-3　マネジメント機能「①戦略策定、②人事、③ガバナンス、④財務経理」

●ワンマン経営者の失敗

　ワンマンの経営者が、よく失敗するケースとしては、社員が戦略を全く理解していないことがあります。経営者の頭の中ではそれなりのロジックが出来上がっているのですが、そのロジックが十分に練られたものでなかったり、また社員が理解できるようなものでなかったりする場合、独りよがりになってしまって結果として会社がうまく機能しなくなってしまうことがあります。

　経営者はときに「社員の**リテラシー**が低い」、「幹部のガバナンスやマネジメントがダメ」などと思いがちで、あまり役に立たない幹部研修や合宿を繰り返すこともあります。しかし、そもそも戦略のロジックが破たんしていることが多いのです。そのため、まずは戦略のロジックをしっかり組み立てることが何よりも求められます。

●シンプルでスマートなロジックを

　付け加えると、「戦略のロジック」はシンプルでスマートなものほど優良であり、複雑で一部のマニアックな人しか分からないものは、あまり使い勝手の良いものであるとはいえません。なぜなら、戦略の分かりやすさ自体が、社員の絶対的安心と共感につながり、その中で細かい現場対応できる

「戦術」が作られるようになっていき、社員の成長と会社の成長につながっていくからです。

要するに「戦略」に求められるのは、「勝てる明確な根拠」とその「明快なロジック」だといえます。これを経営者（ときには幹部社員含め）が策定するのです。

●適材適所の人事機能

このようにして作られた「戦略」は具体的な「戦術」になり、「指示」になります。この戦略が現実のものになるためには、当然それを実行する社員が最適な部局に最適に配置されていないといけません。この「適所適材」を実行するのが「人事機能」ということになります。

人事は戦略の実現のために最も重要な機能であり、この機能が優秀であれば、会社が外的要因によって苦境に立たされても、変化に対して素早く反応することができ、結果として非常に強い会社になります。逆に現時点で儲けが出ていたとしても、この「人事機能」がいい加減なものであった場合、将来に大きな経営リスクを抱えているといえます。

社員はさまざまな理由があってその会社に勤めています。「給料が欲しい、増やしたい」というのは当然であり、とても大切な動機です。お金さえあればよいということではないですが、お金がなければ絶対長続きしません。なぜなら給料は、個人にとって家計という最も守らなければならないものの原資であり、収入だからです。

●やる気＝勤労動機を会社の収益に

会社で働く社員には、「出世がしたい、社会に認められたい、名前を残したい、仕事を続けたい、自分自身を成長させたい」など、さまざまな動機があるでしょう。これらの動機を「働いて成果を上げるぞ！」という方向に結びつけることが大切であり、そのために人事の「評価」があるのです。

「やる気＝勤労動機」が会社の収益につながる形を構築することが必要ですが、その構図は「評価」がいい加減だと、一瞬にして崩れ去ってしまいます。社員は「どんなにがんばっても評価されないのであれば、どうせ今後も

リテラシー（りてらしー）：原義では「言語により読み書きできる能力」を指すが「ある分野の事象を理解・整理し、活用する能力」とする場合もある。ここでは事業戦略の読解力の意。
勤労動機（きんろうどうき）：仕事に対するモチベーション、動機付け。それを高め、体制を構築するためには、人事における適正な評価機能が必要である。

評価されないだろう」と思います。これは会社が社員を裏切っていることになります。

　また隣の部署の成果が乏しいからといって、別の部署の評価を下げたり、隣の社員の成果が乏しいからといって、その社員の評価を下げてはいけません。そのような連帯責任を負わせてしまうと、社員のやる気を著しく阻害します。

　もちろん、マネジメントを行っている幹部社員の場合は、部下の成果が自身の成果になることから、責任が連帯することは当然です。しかしそのような関係がない社員同士や部門同士でそれをやってしまうと、シナジーを最大化しようとはせず、会社の中では「どんなにがんばってもあの部署がダメだから自分も評価されない」という考えが支配的になり、結果として「がんばらない方が得策」という考え方がはびこります。これはモラル・ハザードと呼ばれる現象であり、かつてのソビエト連邦などで広がったこととして広く知られている現象です。

　これらに関係する「効果的な人事制度」については、がんばる人やチームが評価され、成果を挙げていないところが成果を挙げようと必死になるような人事が大事です。

　「経営者の意思」と「社員の意思」が「成果に対する評価」でつながるということであり、それが「人事機能」の最も重要な役割であるといえます。

● ガバナンス機能

　この「戦略策定機能」と「人事機能」を十分に結び付けて機能を高めるのが「ガバナンス機能」です。要するに「コントロール」です。戦略はプログラムであり、人事は仕組みです。ガバナンスはそれを管理して統制するコントロールそのものであり、うまくいくように横から調整する役割を持っています。この機能がしっかりしていれば、さまざまな部局が連動して動いている中でも、戦略は効果的に実行に移され、社員はモチベーション高く仕事をすることができます。

　その上で大事なのが「予算」です。お金がないとどんな活動も行うことができないので、その戦略が実行されるために必要な「予算」を的確に分配し、管理するのが「財務経理機能」です。お金が不足していれば銀行から融資を受けるなどさまざまな財務活動を行わなければなりません（詳細は第2章を参照）。

第1章　持続可能な経営とは何か

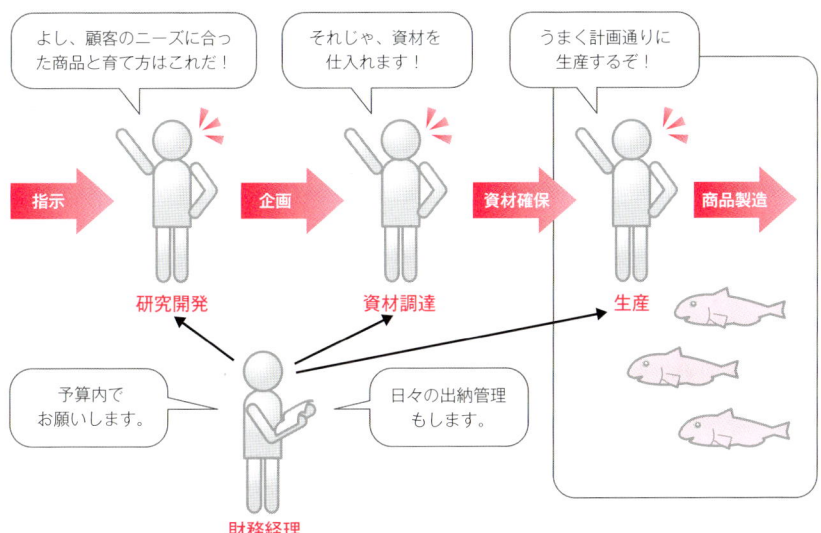

図1-4　生産機能「①財務経理、②商品開発、③資材調達」

生産機能（研究開発、人材）

　図1-4に「生産機能」の概要を示しました。ここが実行段階であり、すべての企業活動の源泉である収益活動が行われます。

　マネジメント機能によって作られた戦略は戦術に落とし込まれ企業の計画になります。これは「指示」であり、この「指示」に基づいて、既に設計されている商品であればそのまま生産活動に入ります。また設計ができていない商品であれば研究開発から始めることになります。

●研究開発機能

　「研究開発機能」は市場の変化に対応していく重要な機能です。これは養殖業の場合なら、顧客のニーズに合わせて「どのような魚種を選択するの

シナジー（しなじー）：ある要素がほかの要素と合わさることにより単体以上の結果を上げること。この場合、部署間同士の活動による相乗効果の意。

モラル・ハザード（もらるはざーど）：生産性を上げなくても一定収入が見込めたソビエト社会主義政権下ではノルマに対する「意図的なノルマのごまかし」が常態化していた。P89も参照のこと。

か？」、「最適出荷サイズは何なのか？」、「どのようなエサにするのか？」、「どこから種苗を確保するのか？」、「どのような飼育方法が良いのか？」など、多岐にわたる内容です。

また漁船漁業の場合なら、「どのような漁具が良いのか」、「どのような資源管理がよいのか」、「どのような売り方が良いのか」、「どのような扱いが良いのか」ということもあるでしょう。

通常、漁業や養殖業の場合は、このような研究と実際の生産活動は同時に現場で行われていますが、大学などが開発した新規技術を導入してみることも、この「研究開発機能」であるといえます。この機能がしっかりしていると、競合者よりもより有利な条件で生産することができるようになります。究極の意味では、「新規事業の開発」、「費用削減」、「付加価値の上昇」の3つが行われる機能といえます。

このようにして商品が企画されれば、企画に従って必要な生産資材を集めます。生産資材とは船や生簀のような設備だけでなく、漁具やエサ、種苗なども資材に入ります。これらの資材を集める際には、できる限り「費用対効果の高い」資材を集めることが肝要であり、またスケジュールを順守しなければいけません。

●人材は重要な資源

資材を調達してようやく商品の「生産」が行われます。漁業の場合、「生産機能」とは漁獲行為そのものです。養殖業における「生産機能」とは養殖魚を育てて出荷サイズにまでにすることです。この商品の生産は、社員の長年の経験が活かされる部分です。そのため、本来、経験が長い社員を優遇しなければいけません。

どのように戦略が優れていても、このお金を具体的に生み出す社員を大事にしておかなければ、そっくりそのまま競合会社に大事な人材をヘッドハンティングによって奪われてしまうという結果になってしまいます。

日本の企業は海外の企業と比較してこの点に関して非常に脆弱であり、視点を変えることが大事です。生産に長けた人材が最も重要な「資源」であるということです。

また、このような全体的な「生産」を、きちんと日々の予算内で済ませているか管理しつつ、的確に予算を出すのが「財務経理機能」となります。これは生産機能の一部に含まれます。

第 1 章　持続可能な経営とは何か

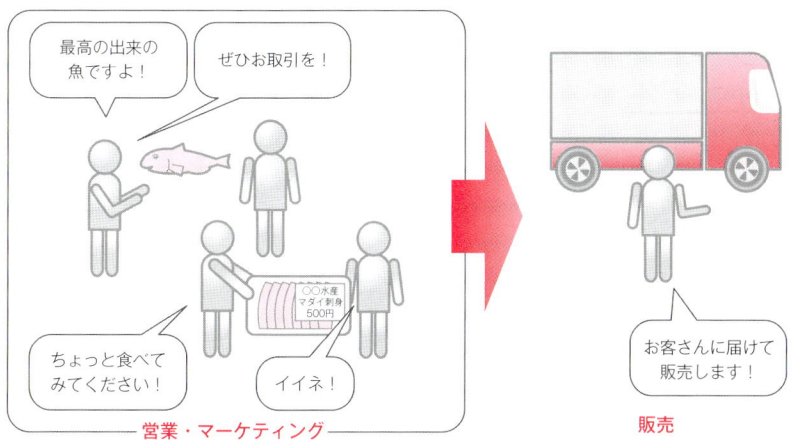

販売機能では、商品を営業して商流を作る「マーケティング」があります。商談を繰り返し、商品の価格と数量と時期が決まれば、輸送してお客さんに届けて、最終的に商品は「お金」になるのです。この「販売機能」には決済も含まれています。

図1-5　販売機能「①営業・販売（マーケティング）、②広報」

販売機能（マーケティング、広報）

●営業・販売（マーケティング）

　商品を生産した後には、販売することになります（**図1-5**）。商品の販売とは一言でいうと、営業して商談を得ることです。漁業や養殖魚の場合、通常、消費者に直接生産物を販売することはあまりありませんので、メインのお客さんは、流通業者、小売企業、外食産業でしょう。

　これらの企業に営業をして、お互いが納得できる条件で、商談を締結できれば商品は流れて、収益になります。市場に出荷することももちろん販売の一部ですが、養殖業は在庫調整をすることが、他の漁業と比較して優れていることを勘案すると、多くの収益性の高い養殖業者は、直販による**相対取引**

費用対効果（ひようたいこうか）：支出した費用に対して得られる効果。「対費用効果」、「コストパフォーマンス」ともいう。
相対取引（あいたいとりひき）：市場を介さずに売買当事者間で売買方法、取引価格、取引量を決定して売買する取引。市場内、市場外流通ともに行われる。

を行っています。漁船漁業の場合でも、定置網などでは出荷コントロールが行われ、相対取引が行われるケースもあります。ただ、直接的に企業とやりとりする機会を持つのは、漁業者というよりは漁協の方が多いでしょう。この際重要なのが、良い条件の商談を成立させる「営業・販売機能」です。一言でいうと、マーケティングですが、非常に重要なポイントです。

●広報

さらに、社会や企業の認知度を高め、商品の価値を高めたり、市場の可能性を広げたりするために「広報機能」が必要です。広報機能が十分に機能している場合、営業において商談する際、商品の良さを裏付ける資料として取材された新聞記事などを見せることによって、顧客の信頼度や主観的な価値を高めることができます。結果としてこれらは付加価値になり、有利に商談を進めることができるようになります。

また、広報は会社の「戦略」と一致している必要があり、うまく連動していれば、その企業の出す別の商品に対しても条件を良くすることができます。これは企業自体をブランディングする1つの方法です。

第1章（Ⅱ）では、会社の機能の中でも特に重要なものを挙げて紹介しましたが、次に重要なのはこれらの機能が自分の会社にあるのかないのか、強いのか弱いのかをしっかり診断することが必要になります。

第 2 章

経営の血液検査

I 会社の状態を示す財務諸表

まずは検査から行おう！

　第1章では「経営技術の必要性」と「経営の機能」について解説してきましたが、それを踏まえて読者の皆さんの興味が行き着く先は「自身の会社の経営がどうなっているか」ではないかと思います。しかし、いきなり「機能」を作ろうとするのではなく、まず「検査」することをおすすめします。というのも、検査をすることによって自社の経営状態について、いろいろなことが分かるからです。

財務分析という血液検査

　企業の経営状態は、よく人の健康状態に例えられます。コンサルタントというものは企業の医者なので、その対応は医者が行うプロセスと全く同じです。状態が悪ければ病状を検査して把握し、病名を特定し、処方箋を書き、お薬を出して（または手術して）治していきます。

　企業でいうと、経営状態を「分析によって診断」し、経営上の問題点を明らかにし、改善方法を提案し、経営技術を提供して経営を改善していくことになります。ときには経営の構造そのものを変えることすらありますので、これは手術に相当すると思います。もちろん病気になっている本人に治る意志が必要ですし、食生活を改善する、タバコをやめるなどの努力も必要です。これは企業も同じことで、「お薬」とは「経営技術」になりますので、それを使っていく意志が必要です。

　ただし、人の病気とは大きく異なる部分があります。それは経営は「治療」の効果が抜群に大きいということです。特効薬もあり、正しく用いれば、不治ということはほとんどありません。にもかかわらず倒産という事態に至るのは、手遅れになるまで改善されなかったからです。

　これらを踏まえてまず行うべきは、経営状態の「検査」です。健康診断み

第 2 章　経営の血液検査

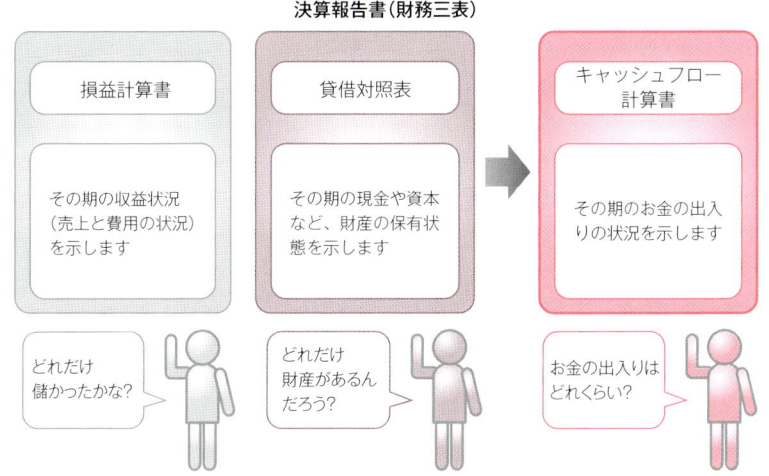

図 2-1　財務諸表

たいなものですが、中でも「財務分析」は血液検査に当たるものです。

●自社の検査表が財務諸表（図 2-1）

　この財務分析とは「**財務諸表**」（決算報告書、財務三表）と呼ばれる経営情報を分析することを指し、経営の状態を把握する最も重要な手段になります。通常、会社を経営していれば、この財務諸表は**会計士**などの手によって作られています。従って経営者であれば、既に目を通しているものだと思います。

　ただ、その読み方、そして自分でも取り組むことのできる作り方を正しく知ることによって、自社の経営状態がどのようになっているかを本当の意味で理解できるようになるのです。これは会計士だけが分かるというような特別なことではなく、理解してさえいれば誰でも分かるものです。もちろん財務分析が経営のすべての問題を明らかにするわけではないですが、少なくとも財務分析で明らかになった箇所は、確実に問題を抱えているのです。

財務諸表（ざいむしょひょう）：一定期間の経営成績や財務状態などを明らかにするために作成される書類。一般的には決算書、決算報告書とも呼ばれる。
会計士（かいけいし）：監査および会計の専門家。資格としては公認会計士。第三者の立場から企業などの財務関係書類の会計監査、財務、経理、または経営戦略提案などの業務を行う。

科目	金額
売上高	30,000
売上原価	20,000
売上総利益(売上高－売上原価)【本当の売上】	10,000
販売・一般管理費【費用】	8,000
営業利益(売上総利益－販売・一般管理費)【事業利益】	2,000
営業外収益	200
営業外費用	100
経常利益(営業利益＋(営業外収益－営業外費用))	2,100
特別利益	100
特別損失	200
税引き前当期利益(経常利益＋(特別利益－特別損失))	2,000
法人税など税金	600
当期利益(税引き前当期利益－法人税など税金)	1,400

このように売上と費用がどの程度で、結果としてどれだけ利益が出たかを示しています。

表 2-1 損益計算書

財務諸表とは何か？

「財務諸表」とは、決算書に示される財務三表のことで、「損益計算書」、「貸借対照表」、「キャッシュフロー計算書」を意味します。

●損益計算書（表 2-1）

損益計算書とは P/L と表記されるもので、「Profit and Loss」を略しています。これはその経営体の経営年度や半期・四半期ごとにどれだけ売上があって、どれだけ費用がかかったのかを表したものです。そしてその差としてどれだけ利益があったのか、またはどれだけ損したのかということを示します。

●貸借対照表（表 2-2）

貸借対照表とは B/S と表記されるもので「Balance Sheet」を略しています。これは経営体の財産の状況を表したものであり、どれだけお金や機材を持っているのかをすべて金額換算して示したものです。

企業の一般的な会計は、損益計算書と貸借対照表の2つによって示されており、これを複式簿記と呼びます。この2つを見れば、経営状態がどのよう

資産の部		負債の部	
流動資産		流動負債	
現金および預金	8,000	買掛金	2,000
売掛金	5,000	1年内返済借入金	2,000
商品	2,000	その他	1,000
原材料	3,000	流動負債合計	5,000
その他	2,000		
流動資産合計	20,000	固定負債	
		長期借入金	8,000
固定資産		その他	2,000
有形固定資産	8,000	固定負債合計	10,000
無形固定資産	2,000	負債合計	15,000
固定資産合計	10,000		
		純資産の部	
		資本金	10,000
		利益剰余金	5,000
		純資産合計	15,000
資産合計	30,000	負債純資産合計	30,000

資産と負債純資産合計は一致します。流動資産の現金および預金が多く、純資産が多いのが良好な経営状態です。

表 2-2　貸借対照表

になっているかがすぐに分かるように作られています。

●キャッシュフロー計算書（表 2-3）

　キャッシュフロー計算書とは C/F と表記されるもので「Cash Flow statement」の略です。前述の P/L と B/S から計算が可能なため省略されることがありますが、基本的に金回り状況を明確に示すものであり、しっかり把握しておくことが求められます。

　企業経営は、自前で用意したり、他人から借りたりしてお金を準備し、それで資材を買い、材料を仕入れ、人を雇い、商品を生産して、販売します。このサイクルの結果として、売上が生まれますので、売上金を回収したとき

複式簿記（ふくしきぼき）：取引の二面性に着眼する方法で、単に簿記といえばこれを指す。すべての簿記的取引を、資産、負債、資本、費用、収益のいずれかに属する勘定科目を用いて、借方（左側）と貸方（右側）に仕訳して記録。貸借平均の原理に基づいて組織的に記録・計算・整理する。資金の収支に限らず全体的な財産の状態と損益の状態を把握できる。

科目	金額
営業活動によるキャッシュフロー	1,000
投資活動によるキャッシュフロー	500
財務活動によるキャッシュフロー	500
現金および現金同等物の増加額	2,000
現金および現金同等物の期首残高	6,000
現金および現金同等物の期末残高	8,000

期末残高が増えていると手持ちの資金が増加していることになります。

表2-3　キャッシュフロー計算書

にようやくお金が手元に戻ってくるのです。キャッシュフロー計算書はこのお金の流れを追ったものなのです。

　この3つの表は経営の状態を数字で示したものであり、読み方さえ理解できていれば、毎月、毎期の経営状態をよく理解できます。また、どこがどれだけ悪いのか、どこが強みなのか、ということが手に取るように分かってきます。

損益計算書で収益状況を見る

　第2章（Ⅱ）で、詳しく解説していく内容ですが、損益計算書では売上と費用を示します。ごく当然のことですが、利益は売上から費用（支出）を引いたものです。そのため、利益が出ていないのであれば売上が小さすぎるのか、費用が売上規模に対して大きすぎるのかどちらかしかありません。つまり、**利益を上げる手段**は、売上を上げるか、費用を下げるかの2つしかないということです。

●売上をどうするか

　売上が小さすぎるというのは、養殖業の場合では「単価が思ったより安くなった」、「魚が逃げ出した（または死んでしまった）ので商品としての魚が大幅に減った」などが、大きな原因になるでしょう。前者の場合は競合産地の出荷が多かったり、品質が下がってしまっていたり、景気が悪くなったり

など、いわゆる経済条件の影響を色濃く受けます。

　ただ、だからといって流されるだけ流されるわけにもいきません。そういうときにこそ力を発揮するのが経営技術で、マーケティングや品質管理、出荷方法の変更など、「経営側」の努力によって商品の単価を変化させることが可能です。

●費用をどうするか

　商品の減耗は経営上、最も手痛いことです。このようなリスクをどのように見込むかが経営上重要ですし、リスクは費用として考えなければならないので、対策は十分に行ってしかるべきです。従って、売上を上げるためには、経営側で対応できることも多くあります。しかしここで兼ね合いになってくるのが費用です。

　費用が売上規模に対して大きすぎると、もちろん経営は赤字になります。売上を伸ばそうと投資を行い、費用を増大させても、その効果が小さければ、結果として赤字を拡大させてしまいます。その部分を十分に予測して、何をどれだけ増やすのかを判断することが経営者の仕事であるといえるでしょう。

　費用の増大を抑える方法はいろいろあります。例えば、省力化という方法があります。それは養殖業なら生産技術の導入や優秀な種苗の購入となり、漁船漁業なら漁具や漁船の効率化という選択となります。または経営規模が大きくないのであれば、通常は固定費用を減らし変動費用にしていく方法もあります。

　ただし、小さい費用項目（費目）を節約しても経営上の効果はほとんどありません。会社経営が悪いからといって、コピー用紙の裏側を使う会社を見たことがありますが、それで削減できるかもしれない費用は、費用全体のうちの0.01％未満です。これでは全く意味がありません。ちなみに、コピー用紙の裏を再利用すると、プリンタの故障の原因になり（紙送りローラーにトナーが張り付いて壊れる）、結局費用がかかることが多々ありますので要注意です。

利益を上げる手段（りえきをあげるしゅだん）：売上を上げるか、費用を下げるかの2つしかない。前者はマーケティング、品質管理、出荷方法などの工夫により改善できる。後者は、省力化や固定費用を減らすことで改善できる。補助金収益が加算された経常利益は経営体力を示すものではなく、健全な経営のためには本業の利益である事業利益の黒字化が必要である。

重要なのは最大の費目に手をつけることです。**給餌養殖**の場合、それは「餌料代」です。餌料代に本気でメスを入れない限り費用は減りようがありません。費用削減に関しては、分析することによって最適な方法を選ぶことが可能です（本書第4章（Ⅱ）にて解説）。そのほかにも損益計算書から見えてくることはたくさんあり、本業できちんと儲ける体制ができているかどうかも分かります。

　基本的に経営は、経常利益より事業利益で黒字でないといけません。なぜなら、事業利益は本業で得られる利益であり、経常利益には事業外収益が加えられているからです。事業外収益は本業と関係ない補助金収益などであり、経営体力を示すものではないのです。

貸借対照表はどれだけお金があるかを示す

　貸借対照表は、その会社がどれだけお金を持っていて、どれだけ使えるのかを示します。Balance Sheetと呼ばれるのは、貸借対照表が左右で金額が一致するように作られているからです。

　貸借対照表の左に来るのが「資産」です。これは会社が持っている設備や現金などを金額として示したものです。資産についても落ち着いて考えれば分かることですが、手持ちの現金・預貯金や債権など、すぐに現金化できるものを「流動資産」と呼びます。また、現金化はすぐできないけれどもお金を使って購入した経営上必要な設備や機械のようなものを「固定資産」と呼びます。

　これら流動資産と固定資産の合計値は、当たり前ですが、そもそも会社が集めたお金によって形成されたはずです。そして「そもそも会社が集めたお金」というのが「資本」で、このうち人から借りたものを「負債」、自分のものを「純資産」と呼びます。単純に考えると、純資産が多くて、流動資産の割合が大きい方が、経営体としては安定的といえます。

　家計でも同じことですが、通帳残高だけでなく、家や車のようなものも財産になります。一方、住宅ローンは借金であり、他の人のお金ですから返済しなければいけません。そして借金だらけになってしまうと財産があっても支払いが難しくなり、次に説明するキャッシュフローに影響を与えることになります。

キャッシュフロー計算書は会社の継続可能性を示す

　キャッシュフロー計算書は「会社の運転に使われて動いた現金」と「実際に持っている現金」を示します。

　企業経営では最低限持っていなければならない現金が不足した瞬間、仕入れた材料（漁具、エサ、資材など）の代金や従業員の給料が支払えない状態に陥ります。「後から売上が入ってくるから最終的には黒字になる」といっても、そのときに支払うべき現金が準備できなければ、支払い不能の状態が発生します。そのため、新たな融資を受けられない限り、会社は不渡りを出して倒産することになります。だからこそ、経営者は現金の出入りの状態を知っておかないといけません。

　しかし、この事例でも分かる通り、現金がショートしたことが会社の倒産を決めているのであって、ただ単年度で赤字になることが倒産を招くわけではありません。キャッシュフロー計算書は、現時点で会社経営が続けられるのかどうかを確認するものとして必要になるのです。

　これら財務諸表の詳しい作り方や読み方に関しては、第２章（Ⅲ）にて解説しますが、何気なく決算書を読んでいて、「儲かったな」とか「儲からなかった」ということだけを考えるのではなく、「ここをこうすれば儲かる」とか「赤字の解消にはここを改善したら良い」ということを読み取る必要があります。そして、それは学習すれば誰でもできることなのです。

給餌養殖（きゅうじようしょく）：エサを与えて育てる養殖業。日本の養殖魚種では海面：ブリ類、マダイ、ギンザケ、マグロ、ヒラメ、トラフグ、シマアジ、クルマエビ、アワビなど、内水面：ウナギ、マス類、アユ、コイなどが該当する。反対にエサを与えず育てるものを無給餌養殖という。カキ、ホタテなどの貝類やワカメやコンブなどの海藻類などが該当する。

II 損益計算書(P/L)の読み方&作り方

儲かっているってどういうこと？

　第2章（II）のテーマは「損益計算書」、すなわちP/L（Profit and Loss）の読み方と作り方についてです。現在の経営で「費用がどの程度か」や「利益がどの程度か」などを把握することが本質的な目的です。まず「損益計算書の作り方」のような堅いことをいう前に、単純に「儲かっている」とはどういうことかを整理してみましょう。

　「儲かっている」とは、1年または1期（期中＝1つの会計期間の途中のこと。期首と期末に挟まれた期間）の営業活動を行った結果、借入金ではなく商品の売上によって、手元に残る現金（預金残高）が増えることです。

　営業活動とは、その会社が行う事業活動そのものなので、養殖業の場合は、従業員を使って種苗を仕入れてエサを食べさせて養殖魚を育てて販売する、という一連のサイクルが営業活動になります。

　もちろんその中には、従業員の給料の計算や経理の管理などを行ったりする間接部門の人員の使役も含まれますし、資源管理の話し合いに参加したり、魚を売る商談を行ったり、種苗の仕入れやエサの仕入れにおける商談や交渉に必要な営業担当の使役も含まれます。つまり営業活動とはその企業の商売そのものを指します。

　そして利益とは、商品を販売することで得た売上から、従業員への給料、仕入れたエサや種苗の代金の支払いなどを行った上で残った売上の残額になるわけです。儲かっているということは、この残額がプラスで手元に残り、積み上げることができることを指します。

利益と費用の見方

●いろいろある「利益」（図2-2）

　単純に、利益が出ていて黒字になっていれば「儲かっている」ことにはな

科目	金額
売上高	30,000
売上原価	20,000
売上総利益(売上高−売上原価)【本当の売上】	10,000
販売・一般管理費【費用】	8,000
営業利益(売上総利益−販売・一般管理費)【事業利益】	2,000
営業外収益	200
営業外費用	100
経常利益(営業利益+(営業外収益−営業外費用))	2,100
特別利益	100
特別損失	200
税引き前当期利益(経常利益+(特別利益−特別損失))	2,000
法人税など税金	600
当期利益(税引き前当期利益−法人税など税金)	1,400

売上高とはすべての商品の販売金額であり、売上原価というのは仕入れです。従って、「売上総利益」が本来の売上になり、これを「粗利益」とも呼びます。

売上総利益(粗利益)から「費用(販売管理費)」を引いたものが「営業利益」です。これは「事業利益」とも呼びます。これが本来の経営で得られた「儲け」です。

営業利益に営業外で得られた利益(営業外収益−営業外費用)を加えたものが「経常利益」。補助金などで左右されるので、本来の収益力以外の側面も入ります。

経常利益に「特別利益」を加え「特別損失」を引いたものが「税引き前当期利益」です。特別損失は「固定資産圧縮損」などの「一時的な損失」です。

これが最終的な「利益」すなわち「儲け」であって、手元に残るお金の純増部分になります。この当期利益は「通常剰余金」として「純資産」に組み込まれます。

このように、「利益」という儲けを指す言葉にも種類があります。損益計算書とはこれらを上から順に計算できるように並べたものです。この中でも特に重要なのが「営業利益」です。本来の事業でどれだけ利益を上げているかを示します。また当期利益は1期の営業活動で手元に残るお金なのでこれも大切です。

図2-2 いろいろある「利益」

ります。しかし、その「利益」がどの段階なのか、また行き先がどのようになっているのかによっても、本当の意味で儲かっているかどうかが変わってきます。そこでまず利益というものの考え方から解説していきましょう。

損益計算書を見ると、同じような名前の項目がたっぷりあることが分かるでしょう。そのため、ちょっと目を離してしまうと、どの項目を読めば良いのか分からなくなってしまいます。目がチラチラしますし、酔ってきそうです。しかし、損益計算書は、上から読むととても良く理解できるように作られています。

● 売上高

まず商品をその期中に販売して得られた代金の合計値が「売上高」になります。養殖業の場合は、養殖魚が商品なので、これを販売して得た代金の総額が売上高になります。

資源管理（しげんかんり）：水産物は共有財産であり、再生産可能な資源であると捉え、望ましい水準に資源を維持・回復させていくための取り組み。漁船隻数、漁場制限、漁獲物の体長制限などの入り口規制（インプットコントロール）と漁獲可能量（TAC）制度、漁獲努力量（TAE）制度などの、出口規制（アウトプットコントロール）がある。

業態によっては技術指導を行った場合の技術料などのサービス（そのサービスの機能や行為自体が経済的取引の対象となるもの）も商品になりますので、その代金も売上高に含まれます。

●売上総利益

次に考えるのは、その商品を作るのにどれだけ経費がかかったかということです。漁業を行うにも、養殖魚を育てるにもいろいろなお金がかかります。先に述べた通り、漁具、種苗、エサ、また従業員の人件費などが必要となります。それら仕入れにかかった金額が「売上原価」と呼ばれるものです。売上原価は商品の売上を実現するために実際にかかった直接的な費用の合計値を指します。

そして「売上高」からこの「売上原価」を引いたものが、「売上総利益」となります。売上総利益とは粗利益または粗利と呼ばれるもので、これが本来の売上となります。

通常、この売上原価は売上高に比例するものなので（変動費と呼ぶ）、売上高が増えれば売上原価も増大しますが、その分売上総利益（粗利）も増大します。よって、粗利を増やす1つの方法として規模拡大（増産）が重要になります。

もう1つの方法として挙げられるのが、売上原価の低減です。これを低く抑えることができれば、売上総利益の割合が上がるので、売上高がそれほど高くなくても収益性（粗利率）は良くなります。

現在の水産業を取り巻く市場環境下では飽和状態の魚種も多いため、単純に生産量を増やすことが売上総利益の増加につながるものでもありません。それゆえに、売上原価を抑えるための根本的な改善策が経営体質の改善に重要な要素となってくるのです。

●営業利益

この「売上総利益」、すなわち粗利は、あくまで製造部門だけの話なので、このほかにかかる費用を抜かなければ実際の利益になりません。この「ほかにかかる費用」が「販売費および一般管理費」すなわち販管費と呼ばれるものです。

製造部門以外でももちろん費用は発生しています。営業職や事務職などの間接部門の人件費、間接部門で使っている施設費や、役員報酬、旅費交通費などは、売上と比例するものではなく、会社という機能を維持するために不

可欠な費用であり、固定的にかかるものです。魚を作っても売る人がいなければ売れないし、代金の処理をする人がいなければ、売上は集計されません。さらに法人税・地方税・事業税以外の租税公課（固定資産税など）といわれる税金もここに含まれます。

また養殖業者には企業内で飼育方法を熱心に研究していることが多くありますが、その研究開発費も必要経費の1つになります。さらに仕訳方法にもよりますが、漁業権にかかる費用もここに計上します（原価に含めることもあります）。

こういった固定経費である「販売費および一般管理費」を「売上総利益」から引くことで、ようやく企業全体で見た基本的な利益である「営業利益」になります。この営業利益は「事業利益」とも呼ばれます。営業利益は企業の実際の収益力を示すので、最も重要な項目であるといっても過言ではありません。

●経常利益

この「営業利益」に営業活動以外に得た収入である「営業外収益」を足して、営業活動以外にかかった「営業外費用」を引いた残りが「経常利益」となります。営業外収益としては補助金、営業外費用では借入金の支払利息などが例として挙げられます。

余談ですが、借金の返済金自体は費用には含まれません。というのは借入金自身が売上でも何でもなく、貸借対照表に入れられるものだからです。当然、返済金は、貸借対照表の借入金の部分が減少するだけ（入って出て行くだけ）なので費用にはならないのです。しかし利息はそれとは異なり費用になります。しかし営業活動そのものに付随する費用ではなく財務活動における費用なので、営業外費用に含めるのです。

●税引き前当期利益

企業活動では、さらに特別利益と特別損失というものがあります。これは固定資本を圧縮したときに発生する利益や損失です。一時的なものなので「特別」ということになり、また実際の営業活動というよりは貸借対照表上

飽和状態の魚種（ほうわじょうたいのぎょしゅ）：ある魚種が生産過剰になり、年間供給量が需要量を超えたり、出荷が集中したりすると、相場下落が発生する。それにより、近年、生産コストを割り込む状況が生じており、厳しい経営状態に陥る養殖業者が増えている。特に海産魚の場合、同種の天然魚の漁獲状況によって相場が左右される。

の処理の結果、差し引きでプラスやマイナスになったものを処理するものです。経常利益からこの特別収益を足して特別損失を引いたものが、「税引き前当期利益」になります。

●当期利益

　税引き前当期利益に対して法人税・地方税・事業税が課されます。これらを支払った残りが「当期利益」すなわち本当に手元に残り、資産に入れることができるお金です。通常ここまで来るとほぼ残金はありませんが、活動を行うことができたという意味では、当期利益が平均でプラスであれば、持続的ではあるでしょう。しかし当期利益がマイナスだとお金がどんどん出ていくことになりますので、企業は弱っていきます。

　以上が利益についての説明です。先に触れた通り、上から順に見ていくと計算できるようになっていますので、1度確認してみましょう。

売上高は伸びるか伸びないか

　損益計算書を読みながら、頭の中で考えなければならないことがあります。それは「そもそも売上高は伸びるか、伸びないか」ということについてです（図 2-3）。

　先に述べたように売上高と売上原価の関係は通常比例関係です。売上原価は売上高に伴って増加するものなので変動費に分類されます。そのため売上高が伸びれば原価も増えますが、売上高との差である売上総利益（粗利）が増加します。この売上総利益が、販管費を上回るものでなければ、営業利益は生まれません。そのため本当に売上高を伸ばすことができるのかについては、損益分岐点を把握した徹底的な分析が必要です。

　売上高が伸びるか伸びないかは、市場条件という外部要因に加え、企業自身の能力（体力）に依存します。

●ラーメン屋の事例から売上アップを考える

　例えば1人でやっているラーメン屋があり、1日に200杯作れるとします。とてもおいしいとの評判が立ってきたので、利益を増やすためにも「もっと販売量を増やしたい」と考えたとします。しかしこの店主の能力では200杯作るのが限界です。そこで、従業員を1人雇い、材料を多く仕入れ300杯に増やせば、売上の増大につながるはずです。ところが、厨房のサイ

第 2 章　経営の血液検査

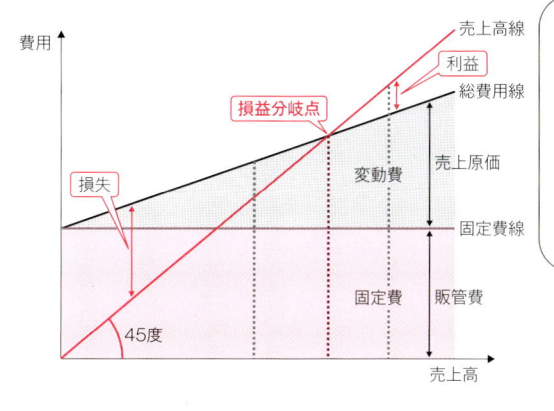

費用と売上高の関係を図示するとこのようになります。変動費とは売上原価で、固定費用とは販管費とすると、総費用は売上原価と販管費の合計になります。売上高がこの総費用線より上に行くように、売上を伸ばさないといけません。しかし市場の関係で伸ばせないのであれば、費用を下げなければ利益は出ません。

図 2-3　売上高と費用・利益の関係

ズは 1 人用で、2 人では作業できない、そのラーメン屋の店主の技術が高度過ぎて従業員にはまねできない、そもそも店が狭く客が 1 日 200 人しか入れないなどの要因が重なってくると、売上高を簡単に伸ばすことはできません。また、周囲に競合店があって簡単には価格を上げられない場合には、単価上昇による売上高増大で利益増大を狙うことができないことになってしまいます。

●水産業・養殖ではどうか？

　水産業でもこのことは当てはまります。漁獲量を増やそうと船を大きくしても、資源に制約があるので、そもそも一定以上漁獲できませんし、また長期的にも望ましくありません。養殖業では、漁場を増やそうにも**区画漁業権**の関係で漁場を確保できないことや、養殖魚を増やしたくても市場価格が下がるので増やせないなど、さまざまな要素を勘案しながら、売上高を増やすことができるかどうかについて考える必要があるのです。

　新商品を開発したからと、見切り発車で大量に生産しようとする企業をよ

損益分岐点（そんえきぶんきてん）：売上高と費用の額が等しくなる売上高または販売数量を指す。英語の break-even point の頭文字を取って BEP とも書く。利益がゼロになる点であり、売上高が損益分岐点以下に留まれば損失が生じ、それ以上になれば利益が生じることから採算点とも呼ぶ。損益分岐点は低ければ低いほど利益が多くなり、企業経営が安定する。

く見受けます。市場が新商品を受け入れるキャパシティがあれば良いですが、ない場合は大量の在庫を抱えて倒産することもあります。そういう場合でも利益を伸ばそうとするならば、費用である材料費を削るか、固定費を削るなどの「合理化」が必要になります。

　従って、流れとしては、①現状より利益を増やす必要があるかどうか、②必要ならば売上高を上げられるかどうか、③費用を合理化する、ということになります。

費用をじっと見る

　費用の合理化とは費用を削ることができるかどうかにかかっています。費用を削るには、漁業の場合には機械化もあるでしょうし、作業時間の無駄を省くことによる乗組員の削減もあります。養殖業の場合には、生残率の向上がポイントになります。一生懸命育てたにもかかわらず半分が死んでしまったとなると、費用は同じでも売上は半分です。逆を言えば売上に対して費用は倍増するわけです。つまり、少しでも健康に魚が育ち、出荷できるようになることが、養殖業の戦略上では極めて重要なことになるのです。これは同じ売上高でも売上原価を下げることなので、利益を生む手っ取り早い方法になります。

●まずは、漁業なら燃料費と人件費、養殖魚なら飼料費

　損益計算書でじっくり見なければならないのが「最も大きい費用」でしょう。通常、漁船漁業の最大の費目は「燃油費」と「人件費」、養殖業の場合は「飼料費」です。従って、いかにしてこれらを下げるかに頭をひねらないといけません。

　しかし、この費目については、この本を手に取られるような読者の皆さんは研究に研究を重ねておられるところだと思います。養殖業なら、同じ大きさにするのにどれだけエサが必要かということになりますが、これは養殖場のある海域の水温や魚種などの条件によっても異なってきます。

●次は、漁業は燃油費、養殖魚は種苗費

　漁船漁業では「燃油費」も重要です。燃油代を大きく減らすための方法には、1回当たりの曳網回数を減らす、漁場のアクセスが短くて済むようにするなどが挙げられます。しかし、省エネ化だけでなく、そもそも海域の資源

が豊かであることが重要な要素になります。資源管理を行うことは、経営改善にダイレクトにつながってくるのです。

養殖魚では「種苗費」です。種苗費は天然種苗の場合は価格が変動しやすいだけでなく、仕入れが可能か否かも資源の状態や漁模様によって決まり、リスクが大きくなります。ただ人工種苗の場合はリスクが大きく下がるので、生産計画は立てやすくなります。

●やっぱり人件費

そして共通して大切なのは「人件費」です。人件費は極めて重要で、使い方次第で大きく売上が変わります。魚を生産（漁獲）するだけでなく、上手に商談をしなければなりません。産地市場に水揚げするだけで済む地域もありますが、近年は商社や量販店などが直接産地に買い付けに来るので、条件の良い商談を結ぶことができなければ利益が上がりません。そのようなとき、優秀な営業マンや営業ウーマンがいるかどうかで商談の機会や商談の質が変わってきます。もちろん生産に関しても、技術のある人とない人の力量の差は一目瞭然です。

このように同じ人件費の使い方でも、経営戦略にあった使い方ができているかどうかをしっかり見る必要があります。詳しくは後述しますが、少ない人数でも人事の仕組みを作ることが大切です。それによって同じ人件費でも飛躍的に生産性が高まります。

●そのほかの費用

固定化して困っている費用（例：漁場利用における「みかじめ料」）は、しっかり交渉して削るべきです。これは、弁護士を雇ってでも整理する方が安くなる場合もあります。

さらにはなぜ項目に入っているか分からない費用もあります。その項目が本当に必要なのか否か、しっかり考えて判断する作業を行うのが経営者の仕事です。これを経理担当の仕事で終わらせてはいけないのです。

また、逆に増やすことによって、打破できなかった「売上の増大」が可能になるのであれば、むしろその費用を増やすべきでしょう。

区画漁業権（くかくぎょぎょうけん）：漁業権の1つで、一定の区域内で水産動植物の養殖業を営む権利。第一種区画漁業（ひび、カキ、真珠、真珠母貝、藻類、小割式）、第二種区画漁業（魚類、エビ）、第三種区画漁業（地まき式を含む貝類）がある。漁業権は、特定の水面において特定の漁業を営む権利であり、定置網漁業権、区画漁業権、共同漁業権に大別される。

損益計算書の作り方

① 毎月の売上を帳簿をもとに集計する。このとき「売上」と「営業外収益」、「特別利益」は分ける。

② 毎月の仕入れと経費を帳簿をもとに、費用項目(費目)ごとに集計する。費目で振り分けられるように入力しておくと、後が簡単。

③ 勘定科目に基づいて費目別に分けた費用を「売上原価」、「販管費」、「営業外費用」、「特別損失」に分類する。

④ 損益計算書に分類された「売上」、「売上原価」、「販管費」、「営業外収益」、「営業外費用」、「特別利益」、「特別損失」を記入する。

⑤ 残りは計算式で計算される。

できあがり！

図 2-4　損益計算書の作り方

　このように売上の増大と費用の削減または増加は「投入」と「産出」の関係でつながっています。そのため、そのさじ加減こそが「経営」そのものなのです。

損益計算書の作り方

　このようにお話すると、損益計算書を見るだけでも、経営者として何をしなければならないのかを考えることが可能なことが分かるでしょう。では次に損益計算書の作り方を紹介します(**図 2-4**)。

　まず売上高の計上はそれほど難しい話ではないでしょう。日々魚がどれだけ売れたかは、帳簿につけられているので、それを毎月しっかり集計するだけでできてしまいます。この作業は極めて重要であり、毎月行うことで経営の状態を把握できるのです。売上高を計算するときには、それが本業で得られたものか否かを分類し、「売上高」、「**営業外収益**」、「**特別利益**」に分けていきます。

　次に費用を分類します。毎月の仕入れと経費を帳簿をもとに、費目ごとに

集計します。発生した費用を費目で振り分けられるように紐づけて入力しておくと後が簡単です。

そして勘定科目（インターネット上や書店でも経営〈会計〉の情報はあり、科目表が載っています。また組合の業務報告書も参考になります）に基づいて、費目別に分けた費用を「売上原価」、「販管費」、「営業外費用」、「特別損失」に分類していきます。損益計算書の作成のほとんどはこの作業でできています。

次に損益計算書に分類された「売上」、「売上原価」、「販管費」、「営業外収益」、「営業外費用」、「特別利益」、「特別損失」を記入します。後は前述の計算式で、各段階の「利益」を算出すればほぼ完成です。最後に、課税された金額を入れれば、当期利益が出ます。

営業外収益（えいぎょうがいしゅうえき）：本業以外の活動で発生する収益。主に財務活動から得られるもので、投資や補助金などの金融上の収益や、有価証券売却益、不動産賃貸収入などで構成。
特別利益（とくべつりえき）：企業の経常的な経営活動とは直接関わりのない、特別な要因で発生した臨時的な利益。前期までの損益を上方修正する場合も特別利益として計上する。

III 貸借対照表(B/S)の読み方&作り方

貸借対照表の深い意味

　これまでは「儲かっているとはどのような状態を示すのか」について、会社の収益状況を示す損益計算書の読み方と作り方をもとに解説してきました。ここではそれに対して、「会社経営が実際どのようになっているのか」を示す「貸借対照表（B/S、バランスシート）」の読み方と作り方を説明していきましょう。

　貸借対照表は一言でいうと、その会社の経営状態そのものを示しています。繰り返しますが経営とは、①資金を集めてそれを元手にし、②そのお金をもとに機材や設備を整え、③現金を使って原価をかけて商品を作って販売して収益を得て、④その収益で元手を増やしてまた次の年も活動するという一連の流れです。

　③の部分は第2章（II）の損益計算書の内容になりますが、貸借対照表ではそのお金が今どのような状態であるかを示します。

　商品を生産するために現金を費用として使ったとしても、その商品を販売した売上が入ってくるとまた現金に戻りますので、今どれだけ現金があるのか、売れていない商品（費用化されて現金に戻っていない資産）は手元にどれだけあるのか、など現在のお金の状態が示されることになります。

　そして④の収益活動の結果として生じた利益は、元手を増やすことになります。

　このように貸借対照表は、その年どのような経営を行ったのかという実態を示します。しかも会社には今どれだけお金があるのか、それがどのような形態になっているのかも表します。従って、あれこれ複雑な分析をしなくてもこの貸借対照表を見るだけで、自分の会社の経営状態を理解することが可能です。

　それゆえ貸借対照表を読めるようにすることは、経営を理解することと同義であり、不可欠なことであるといえるでしょう。

第2章　経営の血液検査

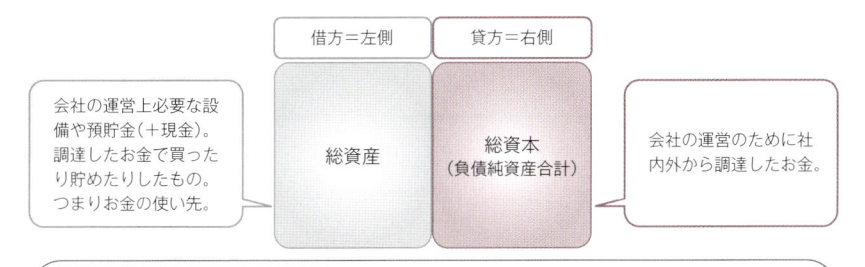

```
                   借方＝左側    貸方＝右側
会社の運営上必要な設
備や預貯金（＋現金）。                        会社の運営のために社
調達したお金で買った     総資産      総資本    内外から調達したお金。
り貯めたりしたもの。             （負債純資産合計）
つまりお金の使い先。
```

貸借対照表は、このように左右に会社のお金を分けて整理したものです。右が調達したお金（総資本）で左が使ったお金（総資産）なので、当然左右は常に一致します。ゆえにバランスシートと呼ばれます。バランスしていなかったら「お金をどこかに紛失している」という大変な状態だということです。

図2-5　貸借対照表の「右」と「左」

右と左が対照されている表

●貸は右、借は左を指す

それでは早速、貸借対照表の読み方を説明します。その第一段階として、言葉の意味から入っていきましょう。貸借対照表の「貸借」というのは「貸方」と「借方」という意味で、もともとはお金の貸し借りから来ていた言葉です。しかし、今は「右」と「左」という意味しかありませんので、言葉のトラップに引っかからないようにしましょう。

つまり、対照表というのはそのままの意味で「右と左が対照されている表」ということになります。

●右と左が一致するからバランスシート

図2-5をもとに説明します。この図中の「右」は「お金の元手」を指し、これを「総資本」と呼びます。この元手から、会社で事業を行うために、漁船、生簀などの機材を購入します。そして、これらの機材の価値と残金を足した合計が「左」になります。これは、会社が事業を運営するために必要な財産になるので「資産」と呼ばれます。

使途不明金（しとふめいきん）：支出した金銭のうち、使途が明らかでないもの、または使途を明らかにしないものを指す。損金に算入されず所得に課税される。似た用語に「使途秘匿金」があるが、これは金銭の支出のうち、相当な理由なく、相手方の氏名、名称などを帳簿書類に記載しないものを指す。税負担が異なり、使途不明金よりも厳しい扱いになる。

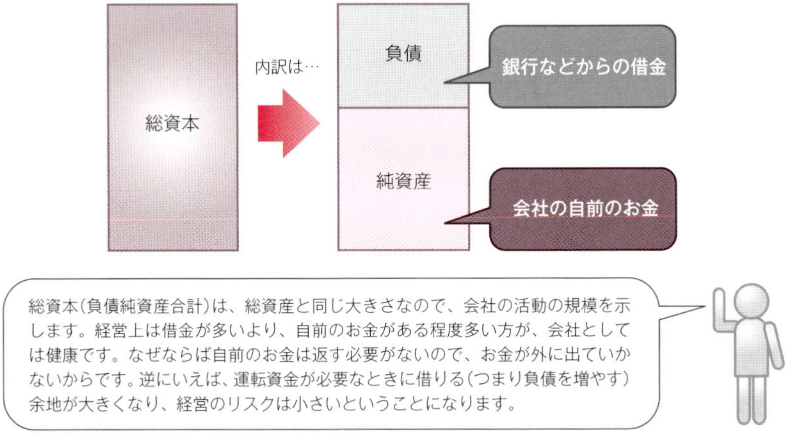
総資本
内訳は…
負債
銀行などからの借金
純資産
会社の自前のお金
総資本(負債純資産合計)は、総資産と同じ大きさなので、会社の活動の規模を示します。経営上は借金が多いより、自前のお金がある程度多い方が、会社としては健康です。なぜならば自前のお金は返す必要がないので、お金が外に出ていかないからです。逆にいえば、運転資金が必要なときに借りる(つまり負債を増やす)余地が大きくなり、経営のリスクは小さいということになります。

図 2-6　貸借対照表の「右」の意味

当たり前ですが、機材をそろえるなどにかかった金額を引いた残りの現金と合わせると、元手の金額になります。このように「右」と「左」が一致することから貸借対照表は、英語で「バランスシート(Balance sheet)」と呼ばれるのです。

この金額が一致しないということは「お金がどこかに流出している」ことを意味し、**使途不明金**があることになります。もしそうであればとんでもないことなのですぐに確認してください。

誰のお金で事業をしているのか(右の意味)

話を貸借対照表の「右」すなわち「総資本」に戻します。**図 2-6** のように総資本は「純資産」と「負債」によって構成されています。

●純資産

元手となるお金は、自分で準備するか、銀行などから借りることによって集めることになります。自分で準備する場合、これを「自己資本」といい、貸借対照表上では「純資産」と呼びます。ここでいう「自分」とは会社の所有者である「**株主**」であったり、会社という「法人」そのものであったりします。

ゆえに、「資本金」は「自分で準備したお金」ということになります。ちなみに、利益が出れば自分のお金も増えるので自由に使えるお金の規模が拡大します。
　ここでいう利益とは、損益計算書に出てきた「当期純利益」と同じものを示します。貸借対照表上では「利益剰余金」の変化分が利益の増大を示すということになります。経営が拡大していく上では利益を出すことが大切であることは、この仕組みからも理解できます。逆に、利益がマイナスすなわち赤字になるとどうなるかというと、この「利益剰余金」が減少します。赤字が続いてこの利益剰余金が減少し、ついにマイナスになってしまうとどうなるかというと、出資金である「資本金」を毀損することになります。

●負債（他人資本）
　一方、すべての元手を自分のお金だけで経営することはなかなか難しいことですし、本来その必要もありません。通常は銀行から運転資金などを借り入れます。運転資金は、収益活動を行った結果に戻ってくるお金なので、収益活動が計画通りに行われるのであれば、ある程度の借り入れがある方が経営は楽になります。
　このように銀行などの企業外から借りるお金を「他人資本」といい、そして単純に「負債」と呼びます。

●純資産が高ければ経営は健全
　当然ですが、借金ですから返さないといけません。とはいうものの銀行も、貸して回収して利子や手数料で利益を得て、また貸してということを繰り返して商売しているわけですから、企業の経営が健全であるならばこの関係性は継続することができます。ゆえに重要なのは「企業の経営が健全である」ということです。
　銀行の立場からすると、企業の経営が傾いていて、収益性の改善の見込みがなければ、貸したお金が返ってこなくなる恐れが生じてしまいます。それゆえ徐々に貸しているお金を回収していくプロセスに入ることになります。企業の活動はにわかに停止しなくても、徐々に体力は削がれていくことにな

株主（かぶぬし）：株式会社の株式を保有する個人・法人を指す。当該株式会社の出資者としての立場であり、オーナーの立場を意味する。
他人資本（たにんしほん）：返済の必要がある資金であり、負債を意味する。通常、返済以外に利息の支払いも必要となる。反対に、返済の必要がない資金を自己資本という。

り、さらに銀行は融資を引き揚げていくという経営縮小の悪循環に入ってしまいます。

　一方、お金を借りている企業の立場からすると、銀行の貸しはがしなどの経営行動によって自身の命運が左右されてしまうことは経営リスクを抱えることを意味します。また借金が多いと、それだけ返済しなければならないお金も多くなりますし、手持ちのキャッシュが返済によって枯渇する可能性も出てきます。

　ゆえに、自分自身のお金である「純資産」の比率が高い方が経営は安定的になります。これは「自己資本比率」と呼ばれるものです。

●経営には銀行側の論理も絡む

　この「純資産」の割合が大きいということは、銀行の論理からすると返してもらえるお金の担保が大きくなることを意味します。ゆえに、銀行はお金を貸しやすくなり、同時に企業側から見てもお金を借りやすくなるわけなので、お互いにとってリスクを下げることにつながります。

　このような状況を実現することは簡単ではありませんが、1つの目標になることです。重要なのは「利益を継続的に生み出せるように経営を柔軟で強いものにすること」であり、利益増大の道は「規模拡大だけではないこと」、そしてそれには「お金を貸す側の論理が絡んでいること」をしっかりと覚えておいてください。

お金をどのように使っているのか（左と全体の読み方）

　「右」である元手の話はだいたい済んだところで、「左」について詳しく解説します。「左」は前述の通り、その元手を企業活動としてどのように使ったかを示します。それでは**図 2-7**をもとに説明しましょう。

●流動資産

　まず元手は「現金および預金」になります。たいていは大きなお金を持ち歩けないので銀行の「預金口座」に入っています。このようなすぐに現金化できる資産を「流動資産」といいます。

●固定資産

　経営を行うためには資材が必要です。水産業の場合、漁業であれば漁船や漁具、養殖業の場合は生簀や陸上設備などいろいろなものをそろえなければ

図2-7 貸借対照表の全体の読み方

借方(左)			貸方(右)	
資産の部			**負債の部**	
流動資産			流動負債	
現金および預金		8,000	買掛金	2,000
売掛金		5,000	1年内返済借入金	2,000
商品		2,000	その他	1,000
原材料		3,000	流動負債合計	5,000
その他		2,000		
流動資産合計		20,000	固定負債	
			長期借入金	8,000
固定資産			その他	2,000
有形固定資産		8,000	固定負債合計	10,000
無形固定資産		2,000	負債合計	15,000
固定資産合計		10,000		
			純資産の部	
			資本金	10,000
			利益剰余金	5,000
			純資産合計	15,000
資産合計		30,000	負債純資産合計	30,000

資産とは「総資本(負債純資産合計)を元手に、会社の運営のために使ったお金」です。流動資産とは基本的に「現金化しやすいもの」を指し、固定資産は「現金化しにくいもの」を指します。その期の営業活動は、P/Lに表されますが、結果はB/S上に示されます。商品は現金を使って費用にして生産されますが、販売すると費用は回収されるため現金に戻ります。販売していない商品は流動資産に計上され、利益は剰余金になります。

負債とは「会社が運営のために外部から借りたお金」を意味し、つまり借金です。流動負債は年内に返済予定のもので、固定負債はそれ以上の期間で返済する予定のものです。

純資産とは「会社のそもそも持っているお金」です。株主から出資された「資本金」とこれまでの営業活動で得られた利益の内部留保金である「利益剰余金」が構成要素です。

なりません。水産加工業の場合は、加工施設が最も重要な資材でしょう。そのほかの業種も割合に差はありますが、何らかの資材をそろえる必要があります。

　資材購入には「預金口座」から引き出した現金を使用するので、その分流動資産は減少し、逆にその金額分の資材が会社の財産として増加します。このような資材は通常すぐには現金化できないものですし、現金化を目的にしたものでもないので「固定資産」と呼ばれます。

●運転資金

　これらの資材を使って事業を行うためには、「運転資金」が必要です。運転資金とは当期の経営を行う上で必要なお金です。会社の元手となるお金を使って、機材をそろえるだけでなく、養殖業なら燃油、エサ、種苗などを買ったり給料を払ったりと「費用」が発生します。

自己資本比率（じこしほんひりつ）：貸借対照表の総資本に対する自己資本の比率。自己資本比率＝{(総資本－他人資本)÷総資産}×100
銀行の論理（ぎんこうのろんり）：たくさん貸してたくさん利息をもらうことが銀行の収益となる。また回収できないときに備えて担保を要求する。企業側もそれらを理解する必要がある。

費用は損益計算書上のもので貸借対照表で計算するものではありませんが、貸借対照表上では別の形で出てきます。「固定資産」を購入して余ったお金が「流動資産」として残ります。その多くは「現金および預金」の形で存在しますが、それがいわゆる「運転資金」になり、費用の大本になるのです。

● B/S 上の費用

　固定資産を用い、費用をかけて商品を生産します。商品は販売すると現金になって戻ってきますので、再び流動資産の中の「現金および預金」に返ってきます。商品の売上金額は「費用」に「利益」を足したものです。まだ売っていない手元に残っている商品もやがて販売して「費用」は回収されます。このように、費用は出て行って、また入ってきているので、貸借対照表の項目の中には出てこないのです。

　つまり、「流動資産」の中には「現金および預金＝手持ちのお金」と「売っていない商品」があり、これと「固定資産」を合わせると、元手である「総資本」と同じ金額になるわけです。

貸借対照表の作り方

　それでは次に、貸借対照表の作り方を説明します。貸借対照表は毎年の資産の動きを示すものなので、昨年から今年へ期（会計期間）ごとに引き継ぐものです。単年（単期）の収益状況を示す損益計算書と異なり、連続しているものだということをイメージしておいてください。

　ただしここでは分かりやすさを優先しますので、全体の流れを「元手」から「事業活動」というように右から左の流れで説明します。図 2-7 と図 2-8 をご覧ください。

●総資本と総資産をチェック

　まず、元手となるお金について、会社の外からの借金を「負債」、自前のものを「純資産」に分けて右に掲載していきます。このときの合計値は「負債純資産合計」すなわち「総資本」になるのですが、これが左側の合計値である「資産合計」すなわち「総資産」と同じ金額になることに留意しましょう。

　負債の中身をいうと、年内に返済予定の負債を流動負債に分類し、それ以

第 2 章　経営の血液検査

```
┌─────────────────────────────────────────────┐
│            貸借対照表の作り方                │
└─────────────────────────────────────────────┘
① 元手となるお金を会社の外からの借金を「負債」、自前のものを「純資産」に分けて右に掲載する。このときの合計値が左側の合計値と同じ金額になることに留意する。締め日からさかのぼって仕分ける。
                        ↓
② 集めたお金はいったん預金口座に入るので、左の「流動資産」の中に入る。
                        ↓
③ 集めた預金から、経営をするために必要な資材（漁業なら漁具・漁船、養殖業なら生簀、陸上施設、漁具など）を購入した金額を引き、それを「固定資産」に移す。固定資産の価値は年々減っていくので減価償却するがこれはP/L上での費用処理になり、結果として純資産の減少につながる。
                        ↓
④ 現金を使って費用にして魚を作るが、販売すると売上として回収されるので、基本的にはB/Sには出てこない。ただし、生産した魚を販売せずに保有しているものについては「流動資産」の「商品＝現金化できていない費用そのもの＝現金の減少分」に記載する。
                        ↓
⑤ 基本的に収益活動（損益計算書）そのものはB/Sには出てこず、結果である「利益」が右側の「純資産」に利益剰余金として加算される（マイナスもあり得る）。
                        ↓
                   できあがり！
```

図 2-8　貸借対照表の作り方

上の期間で返済する予定の長期借入金は固定負債に分類します。また流動負債の中には、資材を購入したのに支払っていないお金も借金なので「買掛金」として計上します。これらのお金の分類は、締め日からさかのぼって出所をもとに仕訳ます。

　余談ですが、この流動負債の中にある「1年以内返済予定借入金」は通常、銀行から運転資金として借り入れる短期借入です。私がコンサルタントの仕事をする中で、この「1年以内返済予定借入金」と左側の項目である「現金および預金」の金額がほぼ同額である企業をたびたび見かけます。これは長期借入である固定負債や企業自身のお金である純資産を固定資産や何かに使い切ってしまっていて、企業の運転を銀行の短期借入で何とか切り抜けている状態を示しています。この経営状態はあまり好ましいものではあり

1年以内返済予定借入金（いちねんいないへんさいよていかりいれきん）：文字通り、決算期後1年以内に返済期限が到来する借入金のこと。バランスシート（貸借対照表）で使用される勘定科目の、流動負債の部の仕訳の1つ。また、3カ月、6カ月など1年以内の短い期間で返済する借入金の場合には、流動負債の部の短期借入金の勘定科目を使用する。

ません。

　このように損益計算書は経営の状況を常に示していますので、見るべきポイントをひと目見るだけでも、その経営体がどういう状態に置かれているのか容易に理解することが可能なのです。

●流動資産をチェック

　次に、この元手となる「総資本」として集めたお金はいったん預金口座に入るので、左の「流動資産」の中に入る、と考えます。ただし、貸借対照表は毎年のつながりの中の状況を示すものなので、それらのお金は既に固定資産になって時間が経っています。しかしここでは流れを追って作り方を学ぶために、そのように考えます。

●資材を購入しても左右は一致

　そして集めた預金から、経営するために必要な資材を購入します。その購入した金額を流動資産から引き、その金額を「固定資産」に移します。固定資産の価値は年々減っていくと考えるので減価償却します。減価償却は、長期間使用する固定資産の設備投資を、耐用年数で配分して費用化する会計上の手続きのことで、これは損益計算書上での処理になります。結果としてその分費用が増大し、利益を食っていきます。そして、「純資産」の「利益剰余金」の減少という形になって最終的に表れます。

　固定資産の目減りが純資産の目減りと一致しており、常に左右はバランスがとれているのです。

●商品と材料の売掛金をチェック

　次に事業運営に関する計算をします。流動資産にある「現金および預金」をもとに事業運営上必要な費用にして魚を生産します。事業運営上の収益については、第2章（Ⅱ）で紹介しましたが、魚を生産するのには、種苗、エサ、人件費といった費用がかかります。しかし前述のように費用そのものは貸借対照表上には項目として出てきません。販売すると売上として費用は相応分回収されます。

　ただし生産した魚の中で販売せずに保有しているものは「流動資産」の「商品＝現金化できていない費用」になります。また費用をかけて購入した「材料」も「流動資産」です。加えて、商品を販売していても代金を回収できていないお金が「売掛金」です。

　これらの「商品」、「材料」、「売掛金」が「現金および預金」の減少分にな

●特に「売掛金」と「商品」に注目

　さて、話は横にそれるのですが、ここで登場した「売掛金」と「商品」は、注意深く見るべきものです。

　まずは売掛金についてですが、私の経験でもさまざまな経営体において、この売掛金が固定化しているケースに出会います。つまり代金を払ってもらえない状況が常態化しているということです。期の締め方次第では固定化しているか否かの判断は分かれますが、売掛金の金額が大きくて、しかもあまり変化していない、もしくは増加している場合には、怪しいとにらむべきでしょう。

　経営状況が厳しくなっている多くの経営体で、この「売掛金」の回収能力が低下していたり、売ってはいけない相手に売ってしまっていることがあります。「企業の関係は助け合いである」ことも事実ですが、商品の代金を期日までに支払うのは最低限のルールであり、それができないということは相手企業の経営がかなり厳しいことを指し、お金が返ってこないリスクが大きいことを意味します。それはつまり、自社の経営上でとても重要な資産が減るリスクが大きいことになります。

　そのため、売掛金は、貸借対照表を読む上で注意深く読むべき箇所になるのです。この固定化してしまった売掛金を減少させることは経営機能の１つでもあります。

　一方、商品については、特に養殖業の場合には注意して見る必要があります。なぜなら、ほかの製造業と異なり、養殖業は魚の逃亡や死亡のリスクがあるからです。これらのリスクによって、資産計上していた金額から大きくかけ離れた結果になることも多々あるので、経営上のリスクとして勘案しておかなければなりません。

　水産加工業の場合は同様に、衛生上の問題が発生したりするいわゆる「落ち」のリスクがあります。漁業も含め全般的にいえるのは、蓄養していた魚が「風評被害」によって想定していたよりもはるかに価格が下がることもあ

減価償却（げんかしょうきゃく）：購入費用の計算方法の１つ。長期間使用される固定資産の取得（設備投資）に要した支出を、その資産が使用できる期間で費用配分する手続き。

落ち（おち）：加工不良の１つで、本来ならば完成品に付加しなければならない加工がなされていないことを指し、加工落ち、加工モレ、とも呼ばれる。

ります。つまり、そういったリスクの分を考えて、余裕を見て「現金および預金」を持っておかなければならないのです。

●**事業活動の結果＝当期純利益**

そして事業活動の結果として損益計算書の最後に出てくる金額である「当期純利益」が、貸借対照表右側の「純資産」に利益剰余金として加算されます。さあ、これで貸借対照表は完成です。

イメージとしては、**図2-7**の「右下」から入って「右上」に行き、「左上」に行って「左下」に行き、最終的に「右下」に入る、という反時計回りの流れで貸借対照表は作られるのです。

以上のように、貸借対照表は経営そのものの状況を示します。貸借対照表をお持ちの方はぜひいま一度ご覧になってみてください。きっと以前よりも経営の概要がよく見えてくるのではないでしょうか。

IV キャッシュフロー計算書(C/F)の読み方&作り方

利益が出ているだけでは会社は持続可能とは限らない

　冒頭の見出しから恐ろしげですが、これは事実です。会社というものは究極の意味で「事業そのもの」である一方、「お金が出入りする箱」ともいえます。元手である資本金を使い、事業を行った結果の利益が、その箱に戻ってくるという仕組みです。利益とは第2章（Ⅱ）で紹介したように売上から費用を引いた残りですので、利益がプラスであれば、元手を増やすことになるはずです。この点は前段の（Ⅲ）「貸借対照表の読み方&作り方」にて、貸借対照表上の「利益剰余金」のところで説明しました。でもちょっと考えてみていただきたいのは「その結果として手元のお金はどうなったのか」ということです。

　通常、資本は運転資金と固定資産に使われます。以下にものすごくおおまかな例を挙げてみます。

● 健全な経営

　まず、1,000万円の資本があり、銀行からの借り入れが全くない状態を仮定し、500万円を運転資金、500万円を固定資産の購入に使ったとします。そして利益が100万円上がったとして運転資金はすべて戻ってきているとします。さて、この場合、手元の現金は増えたのでしょうか、減ったのでしょうか？

　スタートを1,000万円の現金だとすると、まず固定資産はすぐには現金に換えられないのでこれは現金ではなくなります。ここで500万円減っています。利益が上がったので100万円増えます。差し引き400万円減って600万円手元に残ることになります。つまり利益はプラスだったのに現金は減って

利益剰余金（りえきじょうよきん）：企業活動で得た利益のうち、分配せずに社内に留保しているもの。利益準備金とその他利益剰余金で構成される。利益剰余金が高くなると株主資本も高くなるが、利益剰余金が低かったり赤字であったりすれば、利益で蓄積されたものがなくなったことを表し、厳しい経営状況であることが判断される。

いるのです。

この場合、このままのペースで4年経営を続ければ、利益が合計500万円になり現金はもとの1,000万円になります。さらに、固定資産があるので経営はしっかりしているということで、もちろん健全な経営状態と言えるでしょう。

●運転資金が不足

しかしこういう場合もあります。損益計算書上では100万円の利益が上がっているのに、代金の回収が400万円分できていなかったとします。するとその時点での手元のお金はさらに400万円減ることになるので、なんと「1,000万円−500万円＋100万円−400万円」で、手元には200万円しか残っていないことになります。これでは来期の500万円の運転資金がないことになりますので、事業を続けられなくなってしまいます。

このように、経営の究極の目的は「継続する」ところにあると考えると、この「手元の現金の状況」をしっかり把握しておくことが何よりも重要であることが分かると思います。

キャッシュフロー計算書は「本当の現金の状況」を示す

このように「手元の現金の状況」を簡単に理解するには、そもそも「手元にどれだけ現金が残っているのか」と、その原因である「どこで出入りが発生しているのか」という2つを把握する必要があります。

この「現金」のことを財務用語では「キャッシュ」と呼びます。その「出」を「キャッシュアウト」と呼び、「入り」を「キャッシュイン」と呼び、その出入りの差し引きを「キャッシュフロー」と呼びます。キャッシュフロー計算書（C/F）とはそれらを一目瞭然にするものであり、特に経年変化を追うことでその会社の事情が見えてくる大変良くできたものです。

では、それが会社経営の何に役立つのかといいますと、2つのポイントに大別できます。

●自社の経営を見極める

1つ目に経営がそもそも継続できるのかどうかを自己診断できます。悪い状態のときは抜本的な改善が求められるので、そのタイミングを見極めることができます。

●他社の経営を見抜く

2つ目に、取引先の経営状況を見抜くことができます。特に**公開企業**の場合は財務三表が公開されているため明解です。相手の貸借対照表と損益計算書を見ることができればキャッシュフローを計算することが可能で、取引相手の経営状態を見ることができます。

特に「支払能力」を見極められます。これは取引上とても大切なことです。商品を販売したのにお金が入らないという「**未収金の焦げ付き**」を防ぐためにも常にこのような視点は必要でしょう。

キャッシュフロー計算書とは？

●最もリアルに経営状況を示す

キャッシュフロー計算書について詳しく説明しますと、図2-9のようになります。キャッシュフロー計算書は、企業の持っている「現金」の増減とその原因を示します。貸借対照表（B/S）や損益計算書（P/L）であったような債券や固定資産ではなく、実際に手元にどれだけお金があるのかを示すので、最もリアルに経営状況を示します。

「キャッシュが枯渇する」とは、現在の現金残高が運転資金以下に下がることを意味します。そのため、その期その月の現金残高と必要運転資金を比較すると経営がどのくらい安全（または危険）なのかがすぐ分かります。払わないといけない金額に対して手元にある現金が不足すると、「資金ショート」という状態になり、**不渡り**によって倒産します。

入ってきたお金は「キャッシュイン（留保）」と呼びます。これに対して出ていくお金は「キャッシュアウト（流出）」と呼びます。この留保した分から流出した分を差し引くと、「キャッシュフロー」になります。この数値はキャッシュの変化分を示しています。同時に、貸借対照表にある「現金および現金同等物の増加分」と一致します。こちらは現金および現金同等物の期末残高（4月〜3月を1つの期としている場合、3月31日時点の残高）か

公開企業（こうかいきぎょう）：株式を公開している企業。株式公開とは、株式を証券取引所への上場や店頭登録することで、株式を不特定多数の投資家が保有できるようにすること。
未収金の焦げ付き（みしゅうきんのこげつき）：未収金は流動資産に区分される勘定科目の1つ。これが回収不能になることを「焦げ付く」と呼ぶ。銀行では貸し倒れなどという。

```
┌──────────────┐      ┌──────────────┐      ┌──────────────────┐
│入ってきたお金│      │出て行ったお金│      │ 手持ちのお金の   │
└──────┬───────┘      └──────┬───────┘      │ 最終的な増加分   │
       │                     │              └────────┬─────────┘
┌──────▼───────┐      ┌──────▼───────┐      ┌────────▼─────────┐
│ キャッシュイン│  －  │キャッシュアウト│  ＝  │  キャッシュフロー │
│   （留保）   │      │   （流出）   │      │    （合計値）    │
└──────────────┘      └──────────────┘      └──────────────────┘
                                                     ▲
                                              ┌──同じ！──┐
┌──────────────┐      ┌──────────────┐      ┌──────────────────┐
│  期末現金残高 │  －  │  期首現金残高 │  ＝  │    現金増加額    │
└──────────────┘      └──────────────┘      └──────────────────┘
```

> キャッシュフロー計算書は、企業の持っている「お金」の増減とその原因を示します。B/SやP/Lであったような債券や固定資産ではなく、実際に手元にどれだけお金があるのかを示すので、最もリアルに経営状況を示します。基本的にキャッシュの枯渇とは運転資金以下に現在の現金残高が下がることであり、その期その月の現金残高と必要運転資金を比較すると経営がどのくらい安全なのか（危険なのか）がすぐ分かります。

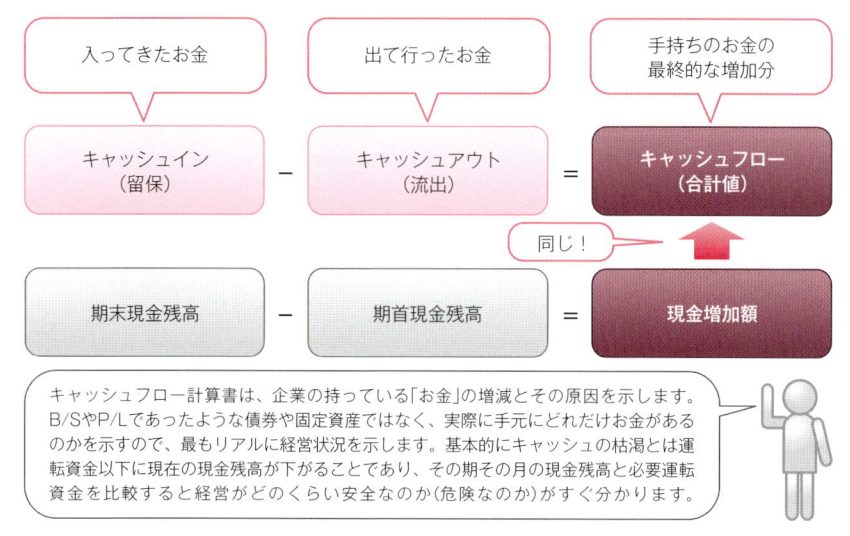

図2-9 キャッシュフロー計算書（C/F）の概念

ら期首残高（4月～3月を1つの期としている場合、4月1日時点の残高）を引けば出てきます。

このようにキャッシュフローは、その期に企業が経営を行った結果手元に残った実際のお金の純増分を示しており、同時にその原因も示すことになるわけです。

● C/F を把握しなければ手遅れに？

実際これまで筆者は、「未収金が多く、**買掛金**も多く、借金も多くて返済も迫っている状況で、当期純利益もマイナスの経営体」の再建に取り組んだことがありました。そのとき、まず最初に取り組んだのがキャッシュフロー計算書の作成です（その経営体はキャッシュフロー計算書を作っていませんでした）。

するとその経営体は、毎月キャッシュフローがマイナスになっていき、3月末の支払いを越せないことが分かり、このままでは数カ月で倒産することが分かりました。急遽、固定資産の売却と職員の合理化、未収金の回収に取り組むという出血を止める応急措置から手掛け、その経営体は経営再建できました。しかし、今考えると誰もキャッシュの状況が分からない中でほかの

第2章　経営の血液検査

```
┌─────────────────────────┐     ┌─────────────────────────────────┐
│ 営業活動によるキャッシュフロー │────│ 会社の収益活動で得られた本来のお金の増加 │
└─────────────────────────┘     └─────────────────────────────────┘
┌─────────────────────────┐     ┌─────────────────────────────────┐
│ 投資活動によるキャッシュフロー │────│ 投資で得られたお金の増加(通常はマイナス)  │
└─────────────────────────┘     └─────────────────────────────────┘
┌─────────────────────────┐     ┌─────────────────────────────────┐
│ 財務活動によるキャッシュフロー │────│ 借金によるお金の増加(返したらマイナス)   │
└─────────────────────────┘     └─────────────────────────────────┘
              ▼
┌─────────────────────────────────┐
│ キャッシュフローの合計値＝現金増加額    │
└─────────────────────────────────┘
```

> キャッシュフローは「営業活動によるキャッシュフロー」、「投資活動によるキャッシュフロー」、「財務活動によるキャッシュフロー」の3つによって構成されます。営業活動によるC/Fは、会社の収益活動で得られた本来のお金の増加なのでプラスでないと健全ではありません。投資活動によるC/Fは、現金を固定資産に変えることによって減少するはずなので、健全に投資が行われていたらマイナスです。財務活動によるC/Fは借金を増やすとプラスで、返すとマイナスです。この関係が最も重要です。

図 2-10　キャッシュフローの構成

ところから手を入れていたら、対策の効果が出る前に倒産していたと思われます。これは大変恐ろしいことです。

キャッシュフロー計算書の読み方

それでは次にそのキャッシュフロー計算書の読み方を説明しましょう。簡単に概念が分かるように図 2-10 を作成してみました。

キャッシュフローは「営業活動によるキャッシュフロー」、「投資活動によるキャッシュフロー」、「財務活動によるキャッシュフロー」の3つによって構成されます。

●営業活動による現金の流れ

「営業活動によるキャッシュフロー」は、会社の収益活動で得られた本来

不渡り（ふわたり）：手形や小切手の支払期日を過ぎても債務者から債権者へ額面金額が引き渡されず決済できないこと。銀行取引停止の処分を受けるため、事実上の倒産を意味する。
買掛金（かいかけきん）：掛け取引（先に納品が行われ、後日代金の決済が行われる取引）によって商品を購入した場合の代金を支払う義務（債務）。その反対は売掛金という。

の現金の増加を意味します。基本的には当期純利益と同様です。しかし、減価償却費のように実際に現金が出ていない費用を総費用から抜くなどの作業を行います。会社が健全に本業で現金を得ているかどうかを示すものなので、プラスでないと経営は健全ではありません。

●投資活動による現金の流れ

「投資活動によるキャッシュフロー」は、現金を固定資産に変えることによって発生することが最も多いケースです。現金で機械を購入したり船を購入したりすると、貸借対照表上では流動資産が固定資産になるだけですが、現金（キャッシュ）は確実に減少します。

しかし、本来会社が成長していくためには、運転資金に対して余剰となる現金があるならば、投資活動に回していくのが健全です。そのため経営が健全なら普通はマイナスです。

一方、固定資産を売却して現金を得ようとするとプラスになります。事業の縮小、方向転換、現金の枯渇に止むなく対応するなどの場合がそれに当たります。また、不要なものを売って合理化するときにもプラスになることがあります。

●財務活動による現金の流れ

「財務活動によるキャッシュフロー」は、借金による資金調達を示す項目です。ゆえに借金を増やすとプラスで、返済するとマイナスです。経営を拡大するために、銀行から大幅に借り入れをする場合には、大きなプラスになることがあります。しかし、それは将来「営業活動によるキャッシュフロー」で、返済分を準備しなければならないことを忘れてはいけません。

また、経営が厳しい状態のときには、営業活動によるキャッシュフローがプラスでなくても、借入金の返済は粛々と行われるため、キャッシュがどんどんなくなることになります。これを経営の世界では「出血」と呼ぶこともあります。

キャッシュフローで分かる経営状態

それでは早速、キャッシュフロー計算書でどのように経営状態が分かるか、例を出して説明してみます。

図 2-11 では2つのキャッシュフロー計算書の結果を示しています。左も

キャッシュフローの構成で企業の状態が分かる

C/Fの種類	金額(万円)
営業活動によるCF	3,000
投資活動によるCF	−1,000
財務活動によるCF	−1,000
現金増加額	1,000

A社　健全な状態

営業活動(本業)で利益が出て3,000万円分プラスになり、投資活動をきちんと行って、1,000万円減っている。そして借金を1,000万円返済できて結局残りが1,000万円になっているわけだから、企業としては良い状態といえる。

C/Fの種類	金額(万円)
営業活動によるCF	−1,000
投資活動によるCF	1,000
財務活動によるCF	1,000
現金増加額	1,000

B社　あまり良くない状態

営業活動(本業)で赤字になって、1,000万円減少してしまっている。キャッシュ不足に対応するため固定資産を売って1,000万円得て、借金して、1,000万円得ているので、1,000万円現金が増加しても、経営はあまり良くないといえる。

現金増加分は同じ1,000万円であるが、中身は全く異なる。このようにC/F計算書を正しく読むと、その経営体の状況が分かってくる。

図2-11　キャッシュフロー計算書が示す経営状態

右も結果的にキャッシュフロー合計値（現金の増加分）は同じプラス1,000万円です。しかし、実はこの2つの経営体は状態が全く違うことが、その内訳を見ることで分かります。

● **良好な経営の例**

まずA社では「営業活動によるキャッシュフロー」がプラス3,000万円あります。しっかり本業で稼いで内部留保できたということです。「投資活動によるキャッシュフロー」はマイナス1,000万円です。これはこの営業活動によるキャッシュフローによってできた現金があるということで、しっかり固定資本の購入を行ったと読むことができるでしょう。そして「財務活動によるキャッシュフロー」を見るとマイナス1,000万円になっていますので、営業活動が好調で、しっかり借金の返済を行ったと読むことができます。

このように見ると、この経営体は非常に良好な経営状態であると読めるのです。

内部留保（ないぶりゅうほ）：企業が経済活動を通して獲得した利益のうち、企業内部へ再投資することで蓄積された部分、あるいはそのように利益を蓄積すること。社内留保、社内分配とも呼ばれる。過去から累積した利益の留保額全体を指す場合と、単年度ごとに生じる利益の留保額を指す場合とがある。

●あまり良くない経営の例

　B社は「営業活動によるキャッシュフロー」がマイナス1,000万円です。要するに赤字を出しているということです。「投資活動によるキャッシュフロー」がプラス1,000万円になっています。これは営業活動が芳しくないことによるキャッシュの大幅な減少を補うため、固定資産を売却してキャッシュに変えたのだと読めます。そして「財務活動によるキャッシュフロー」がプラス1,000万円になっているのは銀行から不足したキャッシュを補うために借りたのだと読めます。

　このように見るとB社の経営体の経営状況はあまり良くないと読めるわけです。

●ベンチャー企業に多い経営の例

　一方、中には「営業活動によるキャッシュフロー」がほどほどのプラスでありながら、「投資活動のキャッシュフロー」が大幅なマイナス、そして「財務活動によるキャッシュフロー」が大幅のプラスということもあります。これはかなり積極的な投資を行っている企業であり、成長戦略をとるベンチャー企業によくあります。しかしこのパターンは経年変化をしっかり見極める必要があります。結局、本業が収益を上げられなければ、そのうち借金の返済がかさみ出すので、厳しい経営状態に追い込まれることが多々あるからです。

　このように3つのキャッシュフローがプラスかマイナスかということをよく読めば、その会社の経営状態や戦略などが丸分かりなのです。

キャッシュフロー計算書の作り方

　それではキャッシュフロー計算書の作り方を紹介します。「キャッシュフロー」とかいうカタカナ語が出てくるので、なんだか難しいもののように聞こえますが、損益計算書や貸借対照表より作り方は簡単です。ここでは一般的な**間接法**という方法を説明します。

　間接法のおおまかな流れは、キャッシュフロー計算書の下部にある「現金および現金同等物の増加額」を計算するところから始まります。そして、3つのキャッシュフローの計算を行います。3つのキャッシュフローの合計値と「現金および現金同等物の増加額」は同じになるので、それを頭に入れて

第2章　経営の血液検査

キャッシュフロー計算書の作り方(間接法)①…手順

① 当期の損益計算書と、前期と当期の貸借対照表を準備する。

② 貸借対照表の前期と当期の「流動資産」にある「現金および預貯金残高」などの「現金および現金同等物の合計値」をそれぞれC/F計算書の一番下にある、「現金および現金同等物期首残高」および「現金および現金同等物期末残高」の部分に記入する。その差分を「現金および現金同等物の増加額」の部分に記入する。

③ 損益計算書をもとに「税引前当期純利益」などを項目に従って記入する。基本的にC/F計算書は「発生主義」で作成するので、いったん利息受入などは利益から抜くために「流出」に計上する。基本的にお金が入ってくるのが「留保」、出ていくのが「流出」であることに従って、振り分けて記入する(表2-4参考)。そしてそれらを流出をマイナスにして留保をプラスにして合計したら、営業活動によるC/Fの完成。

④ 当期の貸借対照表(勘定)をもとに、「投資活動によるC/F」の項目を埋める。ここは結構簡単。大事なのは流動資産である現金を使って、有形固定資産を購入することがほとんどのため、この動きをきっちり記入すること。

⑤ 当期の貸借対照表(勘定)をもとに、「財務活動によるC/F」の項目を埋める。ここは投資活動C/Fと同じで結構簡単。基本的に借金による資金調達の部分となる。借りたら留保で、返すと流出。しかし本来は自己資本が多い方が良く、また返済はしっかり発生するので、固定的に流出しやすい。

⑥ 営業C/F、投資C/F、財務C/Fの合計をする。これは「現金および現金同等物の増加額」と同じになる。これをしっかりと確認する。

できあがり！

図2-12　キャッシュフロー計算書の作り方

おきましょう。具体的な作成手順（①〜⑥）として**図2-12**を、キャッシュフロー計算書の例として**表2-4**を示します。

①まず必要な資料は、当期の損益計算書、前期・当期の貸借対照表です。

②次のステップで、いきなりキャッシュフローの合計値になる値を出すのですが、これは書き写すだけなのでとても簡単です。貸借対照表の前期と当期の「流動資産」にある「現金および預貯金残高」などの「現金および現金同等物の合計値」を、それぞれキャッシュフロー計算書の1番下にある、

間接法（かんせつほう）：キャッシュフロー計算書を作成する方法の1つ。税引前当期利益からスタートし、資金の増減の原因を明らかにしながら、最終的に現金および預金の当期増減額を明らかにする。反対に、直接法は売上収入・仕入支出など収入・支出を直接キャッシュフロー計算書に表示するため、イメージとしては資金収支表に近い。

表 2-4　キャッシュフロー計算書の例

項目	キャッシュイン(留保)	キャッシュアウト(流出)	注記	根拠
税引前当期純利益	○		税による支払は後で計上するのでここでは税引前にする	損益計算書(当期)
減価償却費	○		実際にはお金は出ていっていないので費用分から差引く	損益計算書(当期)
受入利息および受取配当金		○	後で計上するのでここではひく	損益計算書(当期)
支払利息	○		後で計上するのでここではひく	損益計算書(当期)
有形固定資産売却益		○	後(投資C/F)で計上するのでここではひく	損益計算書(当期)
買掛金増加額	○			損益計算書(当期)
小計			キャッシュインをプラスに、キャッシュアウトをマイナスとして小計する	
利息・配当金の受入金額	○		純増なので留保となる	
利息の支払額		○	現金支出なので流出	
法人税などの支払額		○	ここで税金支出分を流出の項目に入れる	
①営業活動によるキャッシュフロー			小計からさらに利息のアウトと法人税のアウト分を合計する	
有価証券取得による支出		○	貸借対照表勘定から直接記入、または支出収入合わせて当期前期の有価証券の増加分を流出(支出)に記入する(減の場合は留保(収入)へ)	貸借対照表(当期と前期)
有価証券売却による収入	○		貸借対照表勘定から直接記入、または支出収入合わせて当期前期の有価証券の増加分を流出(支出)に記入する(減の場合は留保(収入)へ)	貸借対照表(当期と前期)
有形固定資産取得による支出		○	貸借対照表勘定から直接記入、または支出収入合わせて当期前期の有形固定資産の増加分を流出(支出)に記入する(減の場合は留保(収入)へ)	貸借対照表(当期と前期)
有形固定資産売却による収入	○		貸借対照表勘定から直接記入、または支出収入合わせて当期前期の有形固定資産の増加分を流出(支出)に記入する(減の場合は留保(収入)へ)	貸借対照表(当期と前期)
投資有価証券売却による収入	○		貸借対照表勘定から直接記入、または支出収入合わせて当期前期の投資有価証券の増加分を流出(支出)に記入する(減の場合は留保(収入)へ)	貸借対照表(当期と前期)
貸付による支出		○		貸借対照表(当期と前期)
貸付金回収による収入	○			貸借対照表(当期と前期)
②投資活動によるキャッシュフロー			キャッシュインをプラスに、キャッシュアウトをマイナスとして合計する	
短期借入れによる収入	○		貸借対照表勘定から直接記入、または支出収入合わせて当期前期の短期借入金の減少分を流出(支出)に記入する(増加の場合は留保(収入))	貸借対照表(当期と前期)
短期借入金返済による支出		○	貸借対照表勘定から直接記入、または支出収入合わせて当期前期の短期借入金の減少分を流出(支出)に記入する(増加の場合は留保(収入))	貸借対照表(当期と前期)
長期借入れによる収入	○		貸借対照表勘定から直接記入、または支出収入合わせて当期前期の長期借入金の減少分を流出(支出)に記入する(増加の場合は留保(収入))	貸借対照表(当期と前期)
長期借入金返済による支出		○	貸借対照表勘定から直接記入、または支出収入合わせて当期前期の長期借入金の減少分を流出(支出)に記入する(増加の場合は留保(収入))	貸借対照表(当期と前期)
社債発行による収入	○		貸借対照表勘定から直接記入、または支出収入合わせて当期前期の社債発行数の減少分を流出(支出)に記入する(増加の場合は留保(収入))	貸借対照表(当期と前期)
自己株式取得による支出		○	貸借対照表勘定から直接記入、または支出収入合わせて当期前期の自己株式発行数の減少分を流出(支出)に記入する(増加の場合は留保(収入))	貸借対照表(当期と前期)
株式の発行による収入	○			貸借対照表(当期)
③財務活動によるキャッシュフロー			キャッシュインをプラスに、キャッシュアウトをマイナスとして合計する	
④現金(および現金同等物)の増加額			=①+②+③=⑥-⑤	
⑤現金(および現金同等物)の期首残高			貸借対照表の期首決算における「流動資産」による	貸借対照表(前期)
⑥現金(および現金同等物)の期末残高			貸借対照表の当期決算における「流動資産」による	貸借対照表(当期)

「現金および現金同等物期首残高」および「現金および現金同等物期末残高」の部分に記入します。そしてその差分（期末−期首）を「現金および現金同等物の増加額」の部分に記入します。

　③3つのキャッシュフローの計算をします。まず「営業活動によるキャッシュフロー」の計算です。損益計算書をもとに「税引前当期純利益」などを項目に従って書き写していきます。

　基本的にキャッシュフロー計算書は「発生主義」で作成するので、いったん利息受入などは利益から抜くために「流出」に計上します（混乱しやすいので注意）。また先に述べたように減価償却費などは実際には現金が出ていっていないのに費用としてマイナス計上されているものなので「留保」（プラス）に回してプラスマイナスゼロにしておきます。現金が入ってくるのが「留保」、出ていくのが「流出」であるという原則に従って、振り分けて記入していきます。細かい項目とそれが留保なのか流出なのかは**表 2-4** を参考にしてください。もっと詳しい表が必要であればインターネットで検索すれば容易に手に入れることができます。

　そしてそれらを、流出をマイナスにして留保をプラスにして合計したら、「営業活動によるキャッシュフロー」ができ上がります。

　④それから当期の貸借対照表（勘定）または当期と前期の貸借対照表をもとに「投資活動によるキャッシュフロー」の計算を行います。投資活動とは具体的には流動資産になる現金（預金）を使って、固定資産を購入することです（例外もありますが固定資産が基本）。貸借対照表上では、資産の項目が変わるだけでトータルは変わらないのですが、キャッシュすなわち現金はその分なくなっています。その出入りを記載すればいいのです（詳しくは**表 2-4** を参考）。この流出と留保の合計が「投資活動によるキャッシュフロー」になります。

　⑤そして、また当期の貸借対照表（勘定）または当期と前期の貸借対照表をもとに「財務活動によるキャッシュフロー」の計算をします。この項目も非常に単純で、借金をしたら「留保」、借金を返済したら「流出」です。借

発生主義（はっせいしゅぎ）：現金の収入や支出に関係なく、「収益や費用の事実が発生した時点」で計上しなければならないとする会計原則の1つ。反対に、収益と費用を「現金の受け渡しの時点」で認識する会計原則を「現金主義」という。これらを用いた会計手法は、前者を「発生主義会計」、後者を「現金主義会計」などと呼ばれる。

金による資金調達を示す項目なので分かりやすいでしょう（**表2-4**を参考）。この流出と留保の合計が「財務活動によるキャッシュフロー」になります。

⑥このようにできた３つのキャッシュフローを合計すると、必ず「現金および現金同等物の増加額」と同じになります。ならなければどこかで計算ミス（または不正）があります。がんばってミスがどこか探しましょう。つじつまが合ったら完成です。

ここで示した**表2-4**は、キャッシュフロー計算書のひな形になります。これを表計算ソフト（エクセルなど）に移して記入していけば、簡単にキャッシュフロー計算書を作ることができます。

経営の基本中の基本である財務三表が、第２章（Ⅱ）から（Ⅳ）に凝縮しています。特に（Ⅳ）のキャッシュフロー計算書は「自分の会社の寿命が分かる」道具でもあり、「会社の寿命を延ばすためのポイントはどこなのか」を知る手掛かりとなるものなのです。

第3章

自社の経営を見抜く

I 売上高はどれだけ上げればいいのか（損益分岐点分析）

企業の利益と損益分岐点分析

　第2章（II）の「損益計算書」の項でも紹介しましたが、企業の利益を考えるとき重要なのは基本に立ち返ることです。「利益が出ない」、「赤字が出てしまう」ことを考える場合、利益の基本を忘れていることが多いと思われます。

　利益が売上高から費用を引いた残りであることはいうまでもありません（**図3-1**）。売上高は販売量にそのときの商品の価格を掛けたものです。企業の利益というものは売上高が費用を上回らないと発生しないので、売上高を伸ばすか、できる限り費用を削減していくことが、赤字の場合には強く求められます。

　しかし慢性的に赤字が発生してしまっている場合には、費用の削減が容易ではないことが多くあります。この場合は費用が**固定費用化**していることが多く、また市場条件から価格が低く設定されている場合にも発生します。

　このような視点から、経営者が自社を見る場合、利益を生み出すためには「売上高が費用を上回る状態」を正確に分析して計画することが必要です。そして、その計画を実行することによって黒字化を実現することが求められます。

　その「売上高が費用を上回る状態」を正確に把握するために、もっとも基本的かつ重要な方法として「損益分岐点分析」というものがあります。第2章（II）で紹介したように、基本的に商品の販売数を伸ばすことができれば、商品の売上の合計が固定費用分も賄うようになり、利益を生み出し始めます。この点を「損益分岐点」と呼びます。

　損益分岐点分析とは、この損益分岐点を正確に推計し、どのくらい売上高があれば利益を出すことができるのか、どのくらいの生産額と販売額があれば利益を出すことができるのかを理解し、目標となる生産量および販売量の計画を立てることです。

```
利益  =  売上高  －  費用
売上高  =  販売量  ×  価格
```

「儲け」とは、売上高から費用を引いた利益を意味し、売上高は販売量と価格で決まります。この基本関係を日々把握しておくことが重要です。

図 3-1 企業の利益を決める基本式

すべての経営者は損益分岐点を把握せよ

　損益分岐点分析の内容を解説する前に、まずはその重要性を知っていただきたいと思います。

　大前提として、すべての経営者は損益分岐点を知っておかなければなりません。なぜなら、経営者は、守るべき自社をコントロールする大事な役割を持っているからです。先に述べたように、経営者には自動車の運転でいうドライバーの役割があり、到達点が分からなければ経営そのものがうまくいきません。到達点、すなわち目標である利益を生み出すポイント、それが損益分岐点になります。だからこそ、何よりも最初に知っておかなければならないのです。

　私自身の企業コンサルティングの経験からいわせてもらえば、経営者がこの損益分岐点を把握していないケースが非常に多いのです。もちろん損益分岐点は市場条件である「価格」によって変化するので、固定ではありません。しかし、どのくらいの量を生産し販売すれば利益を出すことができるのかという、最も重要で最も基本的なことを把握していない場合があります。

　分析方法はいくつかあり、また少しやり方を学べば誰でも習得することが可能です。もちろん変化する条件をすべて正確に判断しようとすると、専門的な知識が必要になってきますが、そういう部分を一定のリスクと考えて、

固定費（こていひ）：売上高や販売個数の増減に関係なく、一定に発生する費用。人件費、不動産賃借料、水道光熱費、通信費、減価償却費、旅費交通費、接待交際費、支払利息など。
固定費用化（こていひようか）：本来、事業を行う中で変わるはずの変動費が、何らかの理由によって固定費のようになってしまうこと。これが発生すると費用削減が難しくなる。

なるべく安全な目標を立てるということであれば、専門的な知識は必要ありません。

ということで、ここではこの「損益分岐点分析」を、ぜひマスターしていただきたいと思います。一言でいうと「何をどれだけ生産して販売すれば利益が出るのか」を知る方法をマスターすることです。一度使いこなすと、価格が変化した場合、費用を削減できた場合、新しく設備を購入した場合などでも、損益分岐点分析はできるようになりますし、計画的に経営を行えるようになります。

企業はこのような損益分岐点分析による経営計画を常に立てなければなりません。また、3年や5年の中期計画を立てる必要もあります。なぜなら、企業はすぐに固定費用を減らすことができないので、中期計画をもとに、投資を計画するようになるからです。本来、企業が経営計画を立てる段階から、損益分岐点分析は必要なものであり、経営者全員が知っておくべき手法なのです。

損益分岐点分析とは？

損益分岐点分析は、**図 3-2** に図示された関係を数字に落とし込む作業です。この図は、売上高を横軸、費用を縦軸にしています。売上高を示す線（売上高線）は 45 度線と呼ばれるものです。

固定費は会社の運営上、商品の生産販売数量に関係なく一定にかかる費用であり、大きなものとして正社員の人件費や減価償却費などがあります。**変動費**は商品の生産に応じて比例的に増加する費用であり、製造原価がこれに当たります。主なものとしては後述しますが、エサ代や種苗代などです。変動費と固定費を足したものが**総費用**になります。固定費はこの場合では総費用線という1次関数の切片になります。

●総費用から見えてくる！

図3-2を見れば一目瞭然ですが、固定費は売上高に比例せず一定です。それに対して上乗せされる変動費は、売上高の増加に伴い比例的に増加しています。売上高を示す45度線と総費用線の交点が損益分岐点になります。従って損益分岐点を求めるには、総費用線が分かればよいということになります。

第3章　自社の経営を見抜く

図3-2　損益分岐点分析

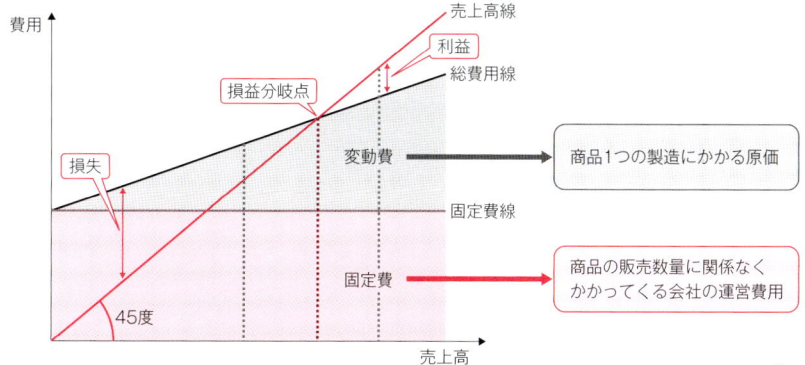

（図中のラベル）
費用／売上高線／利益／損益分岐点／総費用線／変動費／商品1つの製造にかかる原価／損失／固定費線／固定費／商品の販売数量に関係なくかかってくる会社の運営費用／45度／売上高

損益分岐点とは、販売数量がその数を越えれば、利益が出始める点です。商品の販売には1つの商品に1つ分の変動経費がかかります。それは1つの商品の販売金額で賄うことができます。しかし人件費などの固定経費は販売した商品全部の売上で負担しないといけないので、固定経費をすべて払いきる点にまで、商品の販売数量を増やさないといけません。

　固定費と変動費で構成される総費用は、単純な1次関数で示されますので、これを求めます。どのくらいの売上高の時に変動費はいくらで固定費はいくらかというのは、2期（毎月のデータなら2ヵ月分）のデータがあれば、中学校で学んだ連立方程式で解くことも可能です。ただ、より正確なものにするために、基本的には後述するような方法（勘定科目法か最小二乗法）で求めることが一般的になっています。

　このようにして総費用を出すことができ、現在の売上高が分かっていれば、会社の経営状態が図上のどの位置にあるかすぐに分かります。そして、「あとどれくらい生産して販売すれば赤字から脱しトントンになるのか」、「計画通り進めばどの程度利益が出るのか」、「イレギュラーな事故が発生したときの最終的な赤字はどの程度になるのか」などの予測が可能になってくるのです。

変動費（へんどうひ）：売上高や販売個数の増減に応じて、増減する費用。売上原価、仕入原価、材料費、外注費、支払運賃、配送費、保管料など。
総費用（そうひよう）：費用は、生産や取引などの経済活動に伴って支払う金銭だが、総費用はそれらに必要となる費用の総額を意味する。

> **損益分岐点での売上高を出す公式 Ⓐ**
> 損益分岐点売上高＝固定費÷(1－(変動費÷売上高))
> 　　　　　　　　＝固定費÷(1－変動費率)

> **損益分岐点での販売量を出す公式 Ⓑ**
> 損益分岐点販売量(尾)＝固定費÷(販売価格－1尾当たり変動費)
> 　　　　　　　　　　＝損益分岐点売上高÷販売価格

> なお、以下の公式も成り立つ
> ① 変動費率＝1－限界利益率
> ② 限界利益＝売上高－変動費
> ③ 限界利益率＝限界利益÷売上高
> 損益分岐点では、利益＝0なので、限界利益＝固定費になる

図3-3　損益分岐点の公式

●利益予測と立ち位置の把握

　損益分岐点を求めると、その過程で出てくる総費用と売上高の関係からも、経営の状態と着手しなければならない対象が分かってきます。これは**利益予測**ということです。

　損益分岐点分析とは、そのような利益予測のプロセスを経て分析できます。また先に損益分岐点を求め、今の売上高がどのような状態のものか立ち位置を把握するやり方もあります。

　基本的に前者の方法は、経営シミュレーションになります。一方、後者はすぐにできる診断として今すぐにでも実行してみていただきたいと思います。その具体的な方法については後述します。

損益分岐点の公式

　損益分岐点の求め方は至ってシンプルです。**図3-3**は損益分岐点の公式を示したものです。Ⓐの公式は、損益分岐点での売上高がどの程度かを示したものです。つまり、最低限の売上目標です。固定費と変動費、売上高が分かれば簡単に出てきます。

　また「何尾売れば良いのか」も重要な目標になります。売上目標は分かっていても、それに達するためには何尾作って何尾売れば良いのかを正確に知っておく必要があります。それを示したのがⒷの公式です。この公式は、

勘定科目ごとに固定費と変動費を分ける方法	
変動費 商品の製造を1つ増やすのに比例的に増加する費用。例：燃油代、種苗代やエサ代などの製造原価、アルバイト人件費、販売手数料など	**固定費** 商品の生産量にかかわらず、発生する費用。例：正社員人件費、設備の減価償却費、光熱費、地代、通信料など

図 3-4　固変分解の方法（勘定科目法）

損益分岐点での販売量、すなわち損益分岐点に達するための具体的な数量を示しています。既に変動費と固定費が分けられているのであれば、早速計算してみてください。

損益分岐点分析と固変分解の方法

「損益分岐点分析は変動費と固定費が分かればすぐにできる」と述べましたが、逆にいえば、まずは費用を変動費と固定費に分ける必要があります。これを「固変分解」といいます。実は、この作業が最も重要であり最も難しいものになります。

なぜなら、ほとんどの費目が固定費と変動費の両方の要素を持っているからです。人件費にしても、固定的な基礎給与に加え、いわゆる成果給与などがあるとこれは変動費と固定費の合計ということになってしまいます。使い勝手と効果から、現在では勘定科目法（費目精査法）と最小二乗法の2つが主な固変分解の方法になっています。

●勘定科目法（費目精査法）

勘定科目法とは費用の項目（費目）を1つ1つ読み取り、変動費の要素が大きいものをまず変動費として合計し、それ以外を固定費にするという方法です（図 3-4）。

企業によって、変動費や固定費の捉え方は異なる部分がありますが、共通

利益予測（りえきよそく）：商品の単価、販売数量、経費などの条件を計算することによって、あらかじめ利益の概要を把握すること。条件を変えればシミュレーションできる。
固変分解（こへんぶんかい）：文字通り、原価を固定費と変動費に分けること。分解方法は、主に勘定科目法（費目精査法）と最小二乗法の2つ。

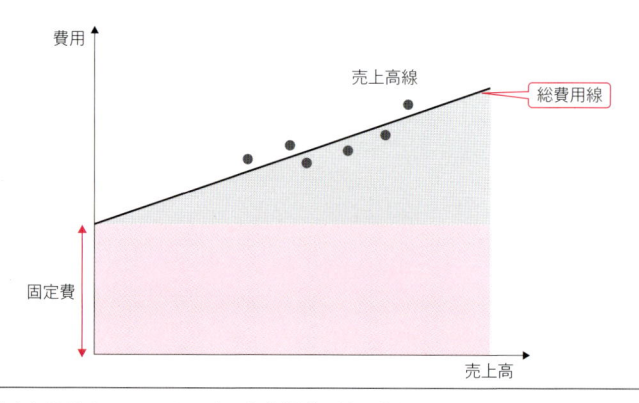

> 総費用をY、売上高をXとして、Y＝aX＋bという式（総費用線の式）を、最小二乗法による回帰分析で求め、a（変動費率）とb（固定費）を推計します。

図 3-5　固変分解の方法（最小二乗法）

している部分もあります。中でも、変動費として明確なものに商品の製造原価があります。

　例として、餌料費、種苗費、販売手数料、非正規雇用者（アルバイト・パート）人件費、燃料費、消耗品費などが変動費になります。固定費はそれ以外で、主に正社員人件費（福利厚生費を含む）、施設費、減価償却費などがあります。

　そのような基本を押さえながらも実際には、それぞれの企業や事業ごとに精査する必要があります。勘定科目法はそのような性質がありながらも、費目を変動費と固定費に仕分けることができます。その上で、固定費の削減策などを検討することができます。

●最小二乗法

　最小二乗法は、統計学（計量経済学）の手法を利用しています。図3-2でも述べたように、総費用線を関数で表示すると、Y＝aX＋bという一次関数になります。**図3-5**がそのイメージになります。

　Yは総費用、bは切片で固定費、Xが売上高で、aは変動費率になります。この一次関数を最小二乗法という手法で回帰推定します。回帰推定とは、与えられたデータから、その関数の不明な係数を推計する方法です。こ

こで不明な係数とは、aとbになります。YとXは損益計算書に掲載されているものですので、例えば1年（12カ月）分のYとXが得られれば、回帰推定はできます。

　回帰推定は、一般的な表計算ソフトであるエクセルのアドインにある「分析ツール」の中にあります。回帰推定には専門的な統計学の知識が必要なものもありますが、基本的に固変分解をする際には、単純な最小二乗法が用いられます。詳しくはエクセルのヘルプ機能を使ったり、ガイドブックを見れば分かると思います。

　結果、aである変動費率とbである固定費が出てきます。固定費が分かれば変動費率と売上高を掛けたaXが変動費になります。

会社がどこにいるのかを把握する

　損益分岐点分析の最も重要な役割は「経営の立ち位置を把握する」ことです。「今後どのくらいがんばれば良いのか」、「計画は本当に正しいものなのか」などを明らかにできます。また経営の基本構造を示す変動費率は企業や業種ごとに異なっていますが、同じ企業の中ではそう簡単に変化しません。ということは、損益分岐点分析によって、かなり正確に今後の売上を予測できることになります。

　重要なのは、本当に現在の事業モデルで利益が出る構造になっているのかを把握することです。損益分岐点が**図 3-2**で示すとはるか右の方にあって、利益が出る水準まで生産するためには「魚のへい死率（死亡率）を非現実的なレベルまで下げる必要がある」、「今の施設ではできない」などという場合もあります。

　中には販売数量を増やせば市場価格が下がってしまい、変動費との関係では、損益分岐点がなくなってしまう（総費用線と45度線の交点がない）ことがあります。

　そういう場合は費用の構造、すなわち経営の構造そのものを変えないとい

勘定科目法（かんていかもくほう）：変動費と固定費を分ける方法の1つ。各費目を勘定科目（簿記の計算単位となる各勘定の名称）ごとに判断する。費目精査法とも呼ぶ。
最小二乗法（さいしょうにじょうほう）：過去の売上高（説明変数）と費用（被説明変数）の関係から回帰推定を行い、一次方程式を作成することによって固定費と変動費の値を求める。

けません。これを**リストラクチャリング**といいます。いわゆるリストラですが、リストラとは決して解雇を意味する言葉ではなく、経営構造を根本的に変えることを意味します。経営構造の再構築の過程で人員の整理や再配分があるために、リストラといえば解雇というような認識がされていますが、それは正確ではありません。

　この経営構造の改革が実現すると、固定費が下がったり、変動費率が小さくなったりします。そうなると、損益分岐点が**図 3-2** で示すと左側に近づきます。つまり利益が出やすい経営状態になっていくのです。

II 生産性は高いのか低いのか

「生産性」は「儲ける力」

　「生産性」という言葉を耳にすることは多いと思いますが、正確に理解されているでしょうか。生産性とは「投入したインプットに対してどの程度アウトプットがあるか」を意味します（図3-6）。インプットとは「投入した経営資源」を指し、特にキャッシュ（お金）と人とその人の使った時間を意味します。アウトプットとは、産出量を意味しますが、財務上は企業が実際に生み出した部分のみを評価する必要があるため、「付加価値」をアウトプットとします。

　そもそも付加価値とは、企業がある原材料に対して手を加えて最終的に販売するときの形態に至るまでにかかったコスト分を意味します。そして、同時にそれは企業が企業活動を通じて商品を作るプロセスで生み出した価値になります。

　例えば、木材を仕入れて最終的に家を建てる工務店の場合、付加価値とは商品として販売した家の価格から、材料である木材の価格を引いた残りです。なぜなら木材はその企業の活動と関係なく価値があり、家はその木材を用いて新たな価値を生み出したことになるからです。

　つまり、企業の「生産性の高さ」とは、インプットに対してアウトプットが大きいことを意味します。逆に「生産性が低い」と、インプットに相当な金額をつぎ込んだ割にはアウトプットが小さく、儲けが少ないかマイナスの状態になります。

　このように生産性とは企業の効率性そのものであり、「儲ける力」すなわち「付加価値を生み出す力」がどの程度あるかを示すものといえます。

リストラクチャリング（りすとらくちゃりんぐ）：企業が収益構造の改善を図るために事業を再構築すること。リストラ＝事業整理・人員削減という狭い意味に勘違いされることが多い。
生産性（せいさんせい）：生産活動に対する生産要素（労働・資本など）の寄与度のこと。あるいは資源から付加価値を生み出す際の効率の程度のこと。

| 労働 | 予算 | | 商品 | 売上
(特に付加価値) |

インプット → **アウトプット**

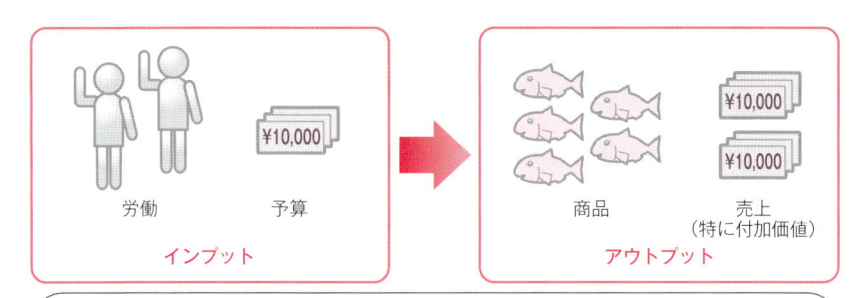

生産性とは、インプット(予算となるお金や投下した労働)に対して、どのくらいのアウトプット(商品や売上)が生み出されるのかを示したものです。売上は原価分も含まれているので、インプットに対して「付加価値部分」がどの程度であるかを示すものになります。

図 3-6　生産性とは

生産性が低いのは放置できない

　生産性が低いということは、たくさんのお金や人を使ったのにもかかわらず十分な商品やサービスを生み出せないことを意味します。生産性が高い企業は資金が潤沢になり投資を的確に行うことができるので、必ずシェアを拡大していきます。自社がぎりぎり利益を出していた状態だったとしても、同業他社より生産性が低ければ、シェアは確実に奪われます。そして、生産性の高い企業はシェアを伸ばしたことで商品の**市場価格**を下げられます。そうなると生産性の低い企業はさらに厳しい経営状態にさらされ、廃業していきます(図 3-7)。養殖業の場合なら、破たんした企業が持っていた区画漁業権を生産性の高い企業が借りて、さらにシェアを拡大するという流れになっていくでしょう。

　この流れは養殖業に特有のことではなく、ほとんどの経営体に成り立ちます。コンサルティングなどのサービス業はアウトプットの「質」で評価されることが多いので、必ずしもこの範疇には入りませんが、それでも同じ費用で高い「質」が出るか否かという視点で生産性を計るのであれば、同じことです。

　以上より、生産性の低さを放置できないことが実感いただけたかと思います。生産性を高める努力を怠れば、その企業はやがてマーケットから駆逐さ

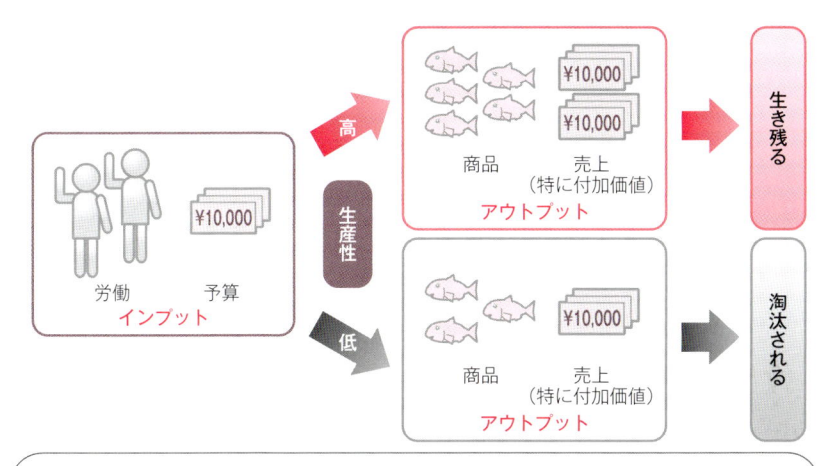

同じインプットでも生産性の違いによって、アウトプットに差が生じます。当然生産性が高い企業のほうが利益は大きく、また拡大していくので、生産性の低い企業は淘汰されてしまいます。ゆえに生産性の向上は自由競争の市場の中で生き抜くために不可欠です。

図 3-7　生産性が低いと経営はやがて必ず厳しくなる

れることが必定なのです。

付加価値額の計算方法

　生産性の分析のためには、まずアウトプットすなわち「**付加価値額**」の計算が必要です（**図 3-8**）。付加価値とは、先に述べたように、材料を仕入れ、最終的な商品として販売したときに、その材料費を商品の売上から抜いた金額になります。概念としては単純ですが計算するとなるとその区分が難しいので、現在ではいくつかの公式を用いて計算します。

　他社と比較する場合、通常では他社の正確な損益計算書が手に入りません。せいぜい営業利益と人件費と減価償却費くらいしか分からないでしょ

市場価格（しじょうかかく）：財やサービスが実際に市場で取引されている価格を表す経済的概念。通常、需要と供給の逆相関によって決定される。つまり、供給が増えれば価格が下降し、減れば上昇し、需要が増えれば上昇し、減れば下降する。生産性が高ければ、1商品当たりのコストが下げられるため商品価格を低減できる。

> ―――― 付加価値額を出す公式① ――――
> 付加価値額＝営業利益＋人件費＋減価償却費
>
> ―――― 付加価値額を出す公式② ――――
> 付加価値額＝営業利益＋人件費＋賃貸料＋租税公課＋減価償却費
>
> 公式①は最も広く使われている公式で、情報が少なくても計算できますが、やや粗いものです。公式②は損益計算書を元に作成できるもので、公式①より精度が上がります。損益計算書がある場合には公式②を使います。事業利益と営業利益は同じものを指します。

図 3-8　付加価値額を出す公式

う。これらは最も簡素な損益計算書であっても必ず記載してあるものなので、手に入りやすいといえます。

公式①はこれで計算します。付加価値額は営業利益（事業利益）＋人件費＋減価償却費という計算になります。

もう少し情報がある場合は、公式②で計算します。付加価値額＝営業利益＋人件費＋賃貸料＋租税公課＋減価償却費となります。要するに基本的に材料としてかかったものを売上から抜いた残りであるわけです。

例として、**表 3-1** の損益計算書のサンプルを使って計算してみましょう。付加価値額は、営業利益(2,000)＋人件費（従業員給与〈2,000〉＋役員報酬〈1,000〉）＋賃貸料(1,000)＋減価償却費(1,000)＋税金(600)＝7,600となります。

生産性分析

それでは次に、先ほど求めた付加価値額を用いて分析してみます。生産性分析の方法はいくつかの指標で行われます。まず、売上高に占める付加価値額の割合を示した**付加価値比率**があります（**図 3-9**）。

売上高の中には当然、製造原価も入っていますので、原価が大きくなる傾向の製造業と原価があまりかからないサービス業では大きく比率が異なります。ここでは例として、同じ養殖業の中でどう違うのか、また自身の経営が

第3章　自社の経営を見抜く

科目	金額
売上高	30,000
売上原価	20,000
売上総利益(売上高−売上原価)【本当の売上】	10,000
販売・一般管理費【費用】	8,000
従業員給与	2,000
役員報酬(損金計上)	1,000
賃貸料	1,000
減価償却費	1,000
その他	3,000
営業利益(売上総利益−販売・一般管理費)【事業利益】	2,000
営業外収益	200
営業外費用	100
経常利益(営業利益＋(営業外収益−営業外費用))	2,100
特別利益	100
特別損失	200
税引き前当期利益(経常利益＋(特別利益−特別損失))	2,000
法人税など税金	600
当期利益(税引き前当期利益−法人税など税金)	1,400

表3-1　損益計算書のサンプル

―――― 付加価値比率 ――――

付加価値比率＝付加価値額÷売上高×100

付加価値比率は、売上高に占める付加価値額の割合であり、その企業がどれだけ効率的に付加価値を生み出しているかを示します。この割合が高い方が、商品に価値をつけて生み出していることになります。相対的な変化をみるものなので、毎年比較します。

―――― 従業員1人当たり売上高 ――――

従業員1人当たり売上高＝売上高÷従業員数

最も簡単に生産性を分析する方法としては、従業員が1人でどれだけの金額を生産しているかを示す「従業員1人当たり売上高」が使われます。通常、福利厚生費を抜いた年収(給与＋賞与)の2.5倍程度は稼いでいる必要があります。これ以下であるとかなり企業としては生産性が乏しいことになります。ただし、これもサービス業などの場合は異なります。

図3-9　生産性分析①　付加価値比率と従業員1人当たりの売上高

付加価値額（ふかかちがく）：企業がその年（または年度）に生み出した利益。経営向上の程度を示す指標とする。主に、営業利益に人件費・減価償却費を足したことによって計算できる。
付加価値比率（ふかかちひりつ）：企業の売上に占める付加価値の割合。労働生産性向上にはこれの上昇が必要。毎年比較して、相対的な価値をみる。

労働分配率

労働分配率＝人件費（賞与および役員報酬含む）÷付加価値額×100

労働分配率は、付加価値に占める人件費の割合を示します。業種によりますが、サービス業では高めでも問題ありませんが、養殖業のような製造業に類する業態の場合、50％を超えてはいけません。40％未満が理想です。

倒産寸前の漁協などでは労働分配率が100％近くになっていることがあります。生産性を見た場合、賃金によって生み出した価値がほぼすべて消えてしまい、企業が継続できない状態であると見て良いでしょう。一方、40％未満であると、機械化などが進み、効率的に稼げている状態といえます。もちろん賃金は他産業と比較して問題のないレベルであることが前提です。

図 3-10　生産性分析②　労働分配率

どのように変化しているのかを把握するために使ってみましょう。

先ほどの例では付加価値額7,600で、売上高が30,000です。従って付加価値比率は、7,600÷30,000×100で25.3％ということになります。これが増えていけば良いですし、同業他社と比較して低くならないようにする必要があります。

同じように、ものすごく簡単な生産分析の方法として**従業員1人当たり売上高**があります。この場合の売上高は売上総利益を使った方が良いでしょう。従業員1人当たりの年収の2.5倍程度は最低限稼いでいないといけません。これより低く、特に2倍以下になると、かなり生産性が乏しい状態だといえるでしょう。

次に生産性分析の中で最も重要な指標である**労働分配率**を説明します（**図3-10**）。労働分配率とは、付加価値額に占める人件費の割合を指します。これはその企業がどの程度のアウトプットを生み出せるかを明確に示した指標であるので、経営上かなり重視します。先ほどの例を用いると、人件費3,000に対して7,600の付加価値額なので、3,000÷7,600×100＝39.5％ということになります。

労働分配率には目安があり、大体40％程度からそれ以下であることが求められます。50％以上あると特に製造業の場合、生産性が低く経営上健全でない状態です。無論そのような状態のまま存続する経営体もありますが、一

般的な視点では労働分配率が50％を超えるということは、人件費に見合った価値を生み出していないということになります。

通常、養殖業も含めた商品を製造する産業（広義の製造業）の場合では、付加価値額は売上総利益とほぼ同じなので、先の従業員1人当たり売上高の指標では2倍以下となり、生産性が低く、危ない経営状態であるといえます。

ちなみに全国の漁協の労働分配率の例を見てみると、事業利益で黒字を出している経営体の平均でさえ68％以上あり、赤字を出している経営体では104％と、もはや人件費を賄うだけの価値も生み出していない状態になっています。このような状態では特別な支援が外部から入らない限り、数年で確実に倒産してしまうでしょう。

ゆえに、労働分配率が50％を超えて、例えば70～80％になっている場合は早急に経営改善に取り組まなければなりません。100％を超えている場合は既に倒産分岐点を超えている可能性すらありますので、直ちに専門家に分析を依頼し、早急に立て直しに入るべきです。

生産性の違いはなぜ発生するのか

生産性とはその経営体がどれだけ効率的に経営資源を用いて商品を生産して販売できるかを示したものです。しかしそれは経営体によって異なっています。なぜそのような違いが発生するのでしょうか。

経営体による生産性の違いは、大きく分けると2つの原因によって生じます。1つ目は経営者も含めた経営技術の違いによるものです（図 3-11）。そしてもう1つは、このような経営技術と関係ない不可抗力によって発生してしまうものです。

前者の場合は、その企業の努力によって劇的に生産性を向上させることが可能です。つまり成長している優良な企業というものは、この企業努力が相当に優れているといえるのです。まず生産性を上げる場合に、経営能力の拡充が挙げられます。これは第1章（Ⅱ）で紹介した経営機能が正しくある

従業員1人当たり売上高（じゅうぎょういんひとりあたりうりあげだか）：企業の生産性を分析に使用する指標。売上高を従業員数で割って求める。
労働分配率（ろうどうぶんぱいりつ）：会社の付加価値（売上高・粗利益）に対してどれだけ人件費がかかったかを表す指標。人件費が適正水準かなどを把握するために用いられる。

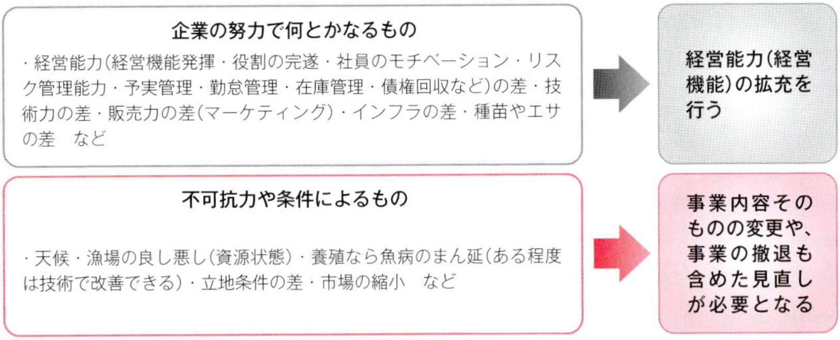

```
┌─────────────────────────────────────────────┐      ┌──────────┐
│          企業の努力で何とかなるもの              │      │経営能力(経営│
│・経営能力(経営機能発揮・役割の完遂・社員のモチベー │ ──▶ │機能)の拡充を│
│ション・リスク管理能力・予実管理・勤怠管理・在庫管理 │      │行う       │
│・債権回収など)の差・技術力の差・販売力の差(マーケ │      │          │
│ティング)・インフラの差・種苗やエサの差 など       │      │          │
└─────────────────────────────────────────────┘      └──────────┘

┌─────────────────────────────────────────────┐      ┌──────────┐
│          不可抗力や条件によるもの                │      │事業内容その│
│・天候・漁場の良し悪し(資源状態)・養殖なら魚病の   │ ──▶ │ものの変更や、│
│まん延(ある程度は技術で改善できる)・立地条件の差・ │      │事業の撤退も│
│市場の縮小 など                                │      │含めた見直し│
│                                            │      │が必要となる│
└─────────────────────────────────────────────┘      └──────────┘
```

図 3-11　生産性の違いの原因

か、またどれだけ効果的に発揮できるかに関わります。養殖業の場合は技術力、種苗、エサ、インフラの差が挙げられますが、これらは企業の戦略を見直し、機能を改善して取り組めば効果的に生産性を改善できます。

　多くの企業では、後者の不可抗力に生産性の低さの理由を求めがちですが、これは前者が原因である場合、内部に責任を求めることになりかねないという事情もあるからでしょう。しかし、まずは前者にその原因を疑う必要があります。そしてほとんどの場合こちらに原因があります。ゆえに改善は十分に可能なのです。

　一方、本当に後者である場合、改善は難しい部分があります。そもそもの漁場が対象魚種の生育には適していないという場合は、魚種の転換や漁場の変更など、事業内容そのものに大きな変更を迫られることがあります。市場の飽和や縮小もこれに当てはまるでしょう。明らかに供給過剰であるならば、経営能力の拡充だけでは追いつかない部分が出てきます。しかし市場が全国どこでも同じ状態であるとは限りません。例えば、商圏が西日本だけだと思っていたら、東日本にも開発できたというケースもあります。このような場合は十分な市場分析があれば、マーケティング機能の拡充によって状況を打破できます。

　しかし、どのように考えても市場が飽和し、利益が出ない状態で、費用の削減も歩留まりの向上も難しいのであれば、魚種の転換というような「事業そのものの変更」が求められるようになります。このような判断は経営者が

生産性を上げる経営

　繰り返しになりますが、生産性の向上は企業経営に不可欠です。そのためにはまず、生産性分析（特に労働分配率の計算）を行い、自社がどのような状況であるかを把握することです。これは第2章で説明した財務分析と同様の理由です。次に、生産性が低い場合はその原因を明らかにすることが必要です。そしてそれがどうしても解決できないならば、答えは簡単で、事業そのものを変えなければ経営を続けられません。ゆえに、その事業を続けることが前提であるなら、経営側の能力の問題を正確に分析することが必要です。この点に関しては第2章で詳しく説明しました。

　漁業の場合は、資源の状態が生産性に大きく影響します。ゆえに、まずは十分な資源状態を確保できるように資源管理の徹底が不可欠になります。また同じ資源状態であるならば、漁獲物の扱いと質の良さをしっかり市場に反映できる仲買の存在が重要です。仲買の存在は同じ努力量でも売上金額を大きく左右するので、生産性に大きな影響を及ぼします。つまり、漁業の生産性上昇のためには資源管理と、川下への垂直連携やマーケティング、商流開拓とそれらに合わせた対応（例えば衛生管理の高度化など）が重要になるのです。

　養殖業の場合は、技術力や販売力の差、種苗やエサの違いが生産性に大きく影響します。技術力は大学などの研究機関が日進月歩で開発している技術に目を光らせ、常に自分の養殖技術の不足部分を補うものがないか、探し続ける姿勢が重要です。種苗に関しては、安定的に供給され、強く、成長が良いことが大切です。そもそも種苗コストの全体に占める割合は、エサなどと比較してもかなり小さいことが多いため、ただ廉価なものを求めるよりは、

商圏（しょうけん）：ある事業が影響を及ぼす地理的な範囲。商圏の中心から辺縁部までの距離を商圏距離、その施設を利用しているか否かに関わらず商圏内の全人口を商圏人口という。

仲買（なかがい）：産地市場などで漁師が漁獲した水産物を目利きによって値決め（付加価値を付ける）する商い。この存在の有無は漁師の儲けに大きく影響する。

性能の良さや安定供給という点を重視すべきでしょう。

　エサの場合も、仕入れ方法の変更など多くの選択肢が実際はあります（ないと思い込んでいるケースが多いようですが…）。また、販売方法の改善は養殖業だからこそできる部分が多くあります。実は養殖業はマーケティングの視点からは本来かなり有利な生産業であるといえます。

　そのような努力を一通り模索した上で、生産性が低い最大の要因が不可抗力や条件にあるのであれば、事業の見直しに至るのです。しかし、そう簡単にできることではありませんので、そういう場合は漁協など系統を含め、周囲との協力体制の構築も視野に入れていく必要が生じます。

常に把握して変化を見る

　生産性分析は、財務分析の一環として行うものです。非常に簡単な計算で経営状態を明確に示すものなので、かなり使いやすいものといえるでしょう。従って、期ごとに作られる財務三表に合わせて、生産性分析も行い、その変化を常に確認していきましょう。そうすれば経営が強くなっているのか弱くなっているのかが分かるため、攻守に手を打つタイミングを逸することがなくなります。

第4章

経営者が経営を動かす方法

I 経営者の役割①
～生産性の向上～

経営者と生産性

　第3章（Ⅱ）では、生産性の分析方法を紹介しましたが、その記憶が薄れる前に「生産性を上げるために経営者ができること」について話を進めます。
　経営者は企業の生産性の要であり、経営条件が多少変化しても経営者が「本来なすべき仕事」をしていれば、経営が傾くことはありません。逆にいうと、生産性を向上させる数多くの方法の中から何を選択し遂行するかは、そのすべての責任を持つ経営者の判断にかかっているということになります。
　筆者も数多くの経営体の再建や立ち上げにかかわり、自身も会社経営をしてきましたが、このことは嫌というほど現場で実感させられます。判断が正しければ生産性は何倍にも上がりますが、間違ったときには業務の玉突きが発生し、金額的にそれほど大きな売上があるわけでもないのに、社員が疲弊していきミスが発生し、その修復のためにさらに時間が必要になり、労働生産性はわずか1カ月の間に5分の1以下になってしまうことすらありました。
　また逆に、従業員として経営者を見上げることもありましたが、経営者がやるべき仕事を正確に行うかどうかで、会社の命運は決まっているものだとつくづく感じたものです。

「経営者」とは

　経営者とは、株式会社の場合は、株主から会社の運営を任されている取締役のことを指します。狭義では特に代表取締役（いわゆる社長）が経営者になります。漁業協同組合では組合長や理事になりますが、実際の経営の運営上の責任者は専務であることもあるでしょう。
　しかし本来経営者とは経営体の運営における判断と執行の権限およびその責任を背負う人なので、実際は取締役だけでなく、事業部でいうと事業部長、部門では部門長、課では課長、班では班長というように、各組織のチー

ムごとのリーダーもその単位での広義の経営者です。

　なぜなら、そのチームでのミッションに関する運営の責任をすべて背負い、チームでの生産性を上げなければならないからです。従って多くの人が該当します。そういう意味ではどんなにチームが小さくても、ヒト・モノ・カネを扱って事業を行い、結果を出すことに責任を持つ人はすべて「経営者」なのです。逆をいうと、チームの大きさにかかわらず、そのリーダーたるものは「経営者」としての意識を持ち、その役割を果たさなければなりません。

　ただし、チームが大きくなっていくとその責任も大きくなり、やがて取締役になると、有限責任を背負い、経営の失敗を自身の財産で償わなければならないことになります。無論、簡単になれるものでもありませんが、簡単に引き受けるものでもありません。相当の覚悟を要するものだと思います。筆者が経営者としてその役割を引き受けるときには、そこで働く社員はすべて家族であり、自分の人生は彼らとともにあると覚悟を決めています。

生産性を食いつぶす「モラル・ハザード」

　経営者は、極めて冷静にかつ平等に物事を扱わなければならず、ときには「泣いて馬謖を斬る」ことも必要です。会社のルールや合理性から逸脱した偏りが社内にあると、会社はその瞬間から「モラル・ハザード」の温床になるからです。

　モラル・ハザードとは、第1章（Ⅱ）で「人事制度と評価のシステムが不全であると発生する」と説明した現象です。社内でモラル・ハザードが発生し、深刻なものになっていくと、会社は不可逆的に衰退の一途をたどり、倒産という結末になります。この場合、モラル・ハザードが恐ろしいのは、会社の全体的な生産性を根元から崩壊させてしまうところにあります。会社の力は、結局「社員＝人」だからです。

　少し話はずれますが、モラル・ハザードの状態になっている中小企業経営

経営者（けいえいしゃ）：狭義では社長を指すが、小さな組織であってもそのチームリーダーは経営者である。多くの人が該当しており、同時に経営者として責任を持つ。
モラル・ハザード（もらるはざーど）：複数の意味があるが、本書では倫理の欠如、また倫理観や道徳的節度がなくなり社会的な責任を果たさないこと、として扱う。P21も参照のこと。

者の中には、「貸し付け先の企業を倒産させると貸したお金が返ってこないから、金融機関は利子だけでも回収しようと倒産させない手だてを打つ」と思いこんでいる方が多くいます。しかし、これは大きな間違いです。資産が十分あり、うまく事業を指示・操作すれば儲かる可能性がある会社であるならば、金融機関は清算のプロセスに入るか、部門売却の手段を使って、現金化の方向性を模索し始めるでしょう。もちろん銀行はそのような素振りは見せずに「支援しますよ」などと言うでしょうが…。そのような金融機関の言葉を鵜呑みにしていると経営権は他人に移り、自分は無一文になるのがオチです。不良債権化しそうなものには、しっかりと回収に入るのが現在の金融機関の方針であり、バブル崩壊時の反省を踏まえ変化していることを忘れてはいけません。

モラル・ハザードの２つの発生パターン

　モラル・ハザードの温床には、大きく分けて以下のような２つのパターンがあります（**図 4-1**）。

●**成果を出さなくても許される特権階級の存在**
　１つ目は、どんなに失敗してもその責を負わないで済む特権階級の存在です。例えば、社長直属の「事業開発部」のような部署です。この部門は会社の将来を決める重要な役割を担っていることが多く、主力事業の利益を次世代の事業を生み出すために投資としてつぎ込みます。それゆえこのような部門は、定められた期間内で必ず収益が成り立つ事業を生まなければなりませんし、事業の設計が緻密で、しかも他社より優れたものでないといけません。この部門は会社の命運を背負っているという気概を持って、それこそ命をかけて期間内に事業を開発しなければなりません。
　ところが、こういう部門が腐敗を生んでしまうことが多々あります。ワンマン経営者の会社でよくある現象で、経営者が自分のやりたいことを会社の資金をつぎ込んでやるようなケースです。決してワンマンであることが問題なのではなく、開発事業の是非を管理する機能が不全である場合が問題になります。このような状況下では開発事業の撤退ラインが定められていないことや、黒字化の期間（通常は３年）を越えてもダラダラと続けてしまうことがあります。

第4章　経営者が経営を動かす方法

```
┌─────────────────────────────┐  ┌─────────────────────────────┐
│ 自分たちは、開発をしている    │  │ 大赤字   成果を上げているのに │
│ のだから、うまくいかないのは  │  │          評価最低            │
│ 当然。失敗をとがめたら、失敗  │  │         連帯責任 →           │
│ を恐れる人が出る。            │  │                              │
│                              │  │                              │
│ どんなに成果が出なくても、    │  │ どんなにがんばっても、自分た  │
│ 給料は変わらない。失敗の責任  │  │ ちに関係のないところの赤字の  │
│ を全く問われない人たち        │  │ 責任を負わされる人たち        │
│      特権階級の存在           │  │      不要な連帯責任           │
└─────────────────────────────┘  └─────────────────────────────┘

                              →      「がんばらない」が得策に
                                     なってしまう。

  このように、「がんばらないほうが良い」という気持ちになってしまう会社内の状況は、徹底的に排除し
  なければなりません。これがあると、会社はやがて衰弱して倒産を迎えます。
```

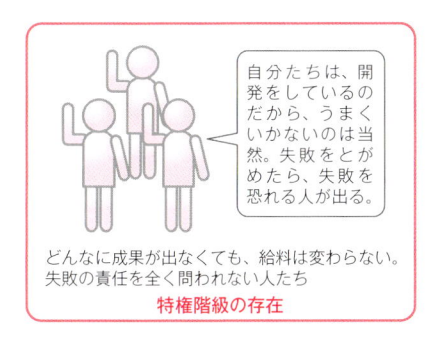

図4-1　モラル・ハザードの構造

　こうなると、開発に携わる社員が、結果が出なくても良いと考えるようになり、事業の芽は生まれません。特に新商品開発でつまずくケースの多くはここにあります。中には、事業が成果を生まないものであることを社員は分かりきっているのに、経営者がどうしてもやりたいと思っていることから、「がんばっているふりさえすれば良い」という気持ちになってしまうこともあります。経営者お抱えのお伽衆（戦国時代の側近。世間話の相手も務めた）のようなものです。開発は企業の命運をにぎっていることから、最も厳しい評価にさらされるべき部門であるにもかかわらず、「研究開発には時間がかかるものだから、時間も金もいくらかけても良い」と思い始めると会社は急速に衰退します。
　なぜなら、結果をいつまでたっても出さない開発部門に、収益を上げている事業部門は自分の上げた利益を食べられ続けることになりますので、不満がたまります。開発部門は自身が収益を上げる必要がない特権階級と勘違い

撤退ライン（てったいらいん）：開発事業は売上が上がらず、費用のみかかることになるため、あらかじめて事業から撤退する基準を設定しておかなくてはならない。
黒字化の期間（くろじかのきかん）：新規事業が黒字化に至るまでに、通常3年を基準に予測を立てる。期間を越えても黒字化できない場合には撤退を検討する経営判断が必要である。

し始めるので当然結果も出ませんし、摩擦が生じます。

　特にたちが悪くなりがちなのは、経営者が鳴り物入りで始めている場合です。経営者は自らの失敗を認めることで求心力が落ちると勘違いして、失敗を認められなくなることが往々にして起こり得るからです。トップが失敗を認め責任を取るからこそ、それが会社のルールとなり、皆それに倣うのです。しかし多くのケースにおいて、経営者がこの単純なことをできていません。

　このような状況に陥ると、もともと収益を上げていた本業の方がおかしくなり、徐々に生産性が落ちてしまいます。「がんばっても自分たちの稼ぎはドブに捨てられるのだから無意味だ」と思うようになります。こうなった会社を立て直すことは容易ではなく、通常は経営者の一新など、かなり過激な経営改善を行わなければなりません。開発事業は誰もが見ていて、誰もが期待しているからこそ、失敗したら会社は崩壊するという単純な事実を忘れてはいけません。

●不必要な連帯責任の存在

　2つ目は、第1章（Ⅱ）で紹介した連帯責任です。自分と関係の薄い（関係しようがない、または同一チームのような関係にしたら著しく自身の部署の業績が落ちる）部署の成果が低いからと、自分の評価まで落とされるような状況です。

　もちろん会社の業績が全体で悪ければ、評価の如何にかかわらず給料は減るでしょう。しかしその中にもできる人がいて、ミッションを120％以上こなしている人もいます。会社の業績が悪いからこそ、そういう人を評価して給料を多く払わなければなりません。なぜなら、会社の死は社員の絶望感の結果で導かれるので、どんなに業績が悪くても人以上にがんばったら抜け出せるのだというモチベーションが必要だからです。このモチベーションが会社を立て直し、成長を軌道に乗せる何よりも重要なきっかけであり、社員にとっての行動原理となるのです。

　もちろんお金がすべてではありません。地位の向上もあるでしょう。成長しようとする人、成長してより良い業績を残そうと必死になっている人を守り、そしてその成果が出たときには最大の評価を与える、という単純なことができていれば良いだけのことです。

　モラル・ハザードが発生してしまうと会社は急速に不可逆的な衰退のスパイラルに入ります。このようになった会社が復活する例は、外部からの支援

経営者
① 目標に対する公平な評価とそれに連動した人事制度
② 特権階級の廃止
③ 開発部門こそ最も成果が求められるという企業体質
④ 失敗の責任を気持ちよく取れること
⑤ 対策の方向性の明確化と迅速な判断
⑥ 正しいこと

相応の責任と仕事が発生

社員の成長を源泉とした、組織全体の生産性の向上

変化に強く自律的に成長していく経営体

図 4-2　経営者が生産性向上のためにできること

や指導がない場合、100社あって1社程度しかなく、ほとんどが倒産を免れません。

経営者の生産性向上での役割

　生産性の向上という点で、経営者がすべきことを一言でいうと、「モラル・ハザードを発生させない」ということになるでしょう。つまり、①社員全員がやる気を持つ、②会社で成果を上げることを目標にする、③その努力が報われる、ということが認知されている必要があるのです。
　だからこそ、一生懸命がんばることが喜びになり、そしてその喜びを仲間と分かち合える環境を経営者が作ることこそ、生産性を向上させるために最も重要なことなのです。
　では、具体的にどのような方法で行えば良いのでしょうか。以下に最低限必要なものを挙げてみます（**図 4-2**）。

●目標に対する公平な評価とそれに連動した人事制度
　まず、必要なのが「目標に対する**公平な評価**とそれに連動した**人事制度**」

公平な評価（こうへいなひょうか）：社員を家族ととらえ、どんな小さな成功も必ず褒めることが大切である。間違っても自分の責任を転嫁することはあってはならない。
人事制度（じんじせいど）：企業・団体・組織などにおける個人の処遇などを決定する制度。生産性向上のためには公平な評価、制度が必要である。

です。これは、第1章（Ⅱ）の人事制度の項で紹介した内容です。要するに、実績が評価に直結することが明確な事実として周知されなければならないのです。

　特に、経営者にとって社員は家族です。ゆえに、社員のどんな小さな成功も必ず褒めることが大切で、どんな失敗も無視せず改善させなければなりません。つまり社員を「成功させたい」、「成長させたい」と親身になって接する必要があり、事業がうまくいかない理由を社員のせいにしたり、ほかの外部要因のせいにしてしまうようになれば、その人は経営者として不適格です。

　なぜなら、社員の責任を自分の責任にすること、外部要因を乗り越えること、しっかり成果が上げられるように社員を舵取りすることこそ、経営者の仕事だからです。それらを放棄した経営者は、もはや経営者の役割を果たしていないからです。

●特権階級の廃止

　一族経営であったとしても特権階級を作ってはいけません。「誰でも努力すれば出世できる」、「会社を通じて世の中に成果を出すことができる」という実感が必要です。特権階級の存在はこれを根本から崩すことになります。たとえ跡取りであったとしても、人事制度の前では平等に扱われなければなりません。また、やがて経営を継いでいくことが確かなら、責任を負うに足る人材になるよう組織の中で育てられる厳しさが必要でしょう。

●開発部門こそ最も成果が求められるという企業体質

　開発部門だからこそ「いつまでにどのような事業をどう生むのか」に明確な責任を持っていなければなりません。また、撤退ラインも同時に決めておく必要があります。1年目であっても、損失がどの程度になったら即時停止なのかを決めておかなければなりません。これができずに新規事業で失敗した会社は枚挙にいとまがないからです。

　通常、開発事業は3年間で黒字にできなければ、撤退しなければなりません。もちろん10年以上かかる開発もあるでしょう。しかしそれは潤沢な営業利益が常にある会社か大学などの研究機関に限りできることであり、通常の企業では常に予算が限られていて、その限られた予算の中で成果を上げる体質でないといけません。

　お金と時間の制限は企業にとってむしろ、開発を成功させ、会社がモラル・ハザードに陥らないために必要な「条件」でもあるのです。

● **失敗の責任を気持ちよく取る**

　失敗の責任を取れるか否かは、リーダーの資質に関わることです。経営者が自らのミスマネジメントによって、何らかの失敗を招いてしまったのであるならば、経営者は社員と株主に対して、その原因と自らの責任を明確にした上で、謝罪しなければなりません。

　それができず、茫洋とした理由で適当に謝罪したり、社員のせいにしたり、外部要因に逃れてはいけません。失敗の責任をくもりなく取ることこそ、公平性が最も可視化されることです。ここは決しておろそかにしてはならないのです。

● **対策の方向性の明確化と迅速な判断**

　経営には常に課題が生じますので、すべき対策の方向性を明確にして、継続しなければなりません。そのときに必須なのが「**経営判断**」です。経営判断とは経営を左右するものであるがゆえに、経営者でないとできません。また、しっかりと迅速に判断することが不可欠です。

　よくある問題としては、判断が持ち越しになったり、最終的な判断がとりようのない会議で決めようとしたりすることが挙げられます。経営者はその判断を決済権限の範疇で最大限行わなければなりません。逆にいえば、決裁権限とはその経営者のすべき責任の範疇を示しているのです。

● **正しいこと**

　最終的に重要なことは、やはり「正しいこと」です。経営者の指示する方向や理念が絶対的に正しいものでなければ、社員はそれに貢献しようとしなくなります。「良い商品をお客さんに味わってもらおう」、「お客さんの喜ぶ顔が見たい」などといった正しい目標は、社員が最も安心して仕事にまい進できる条件になるのです。

　逆に、正しくないとは、「不正を働こうとする」、「人をだまそうとする」ことなどを指します。気持ちのベクトルが向いていないのに、いやいや従事したところで良い成果など決して生まれません。当たり前のことですが、これは経営が行き詰まってきて余裕がないときに忘れられてしまうことなの

経営判断（けいえいはんだん）：企業の方向性を決定するための経営上の判断。狭義には、取締役会などの上層部による対策や投資などの重要な決定を指す場合が多い。しかし本書では、末端のチームリーダーによる判断も含める。それぞれの経営者は自身が責任が取れる決済権限の範疇で最大限行わなければならない。

で、そういう状態のときにこそ振り返って見てみることが必要でしょう。

経営者が得るもの

　このように考えると、経営者には相当な責任と仕事が発生します。しかし経営者はそれに見合うものを得ることができます。それはもちろん社員の成長を源泉とした、組織全体の生産性の向上です。また、それは社員の成長を源泉にしているからこそ、確固たるものであり、小手先の会計操作による生産性の向上とは質が違います。

　そのように成長する仕組みを作ることができれば、経営体は変化に強く、自律的に成長していくようになります。経営者の責任と仕事とは、それを得ることができる何ものにも代えがたいものなのです。

II 経営者の役割②
～戦略の作り方と実践方法～

経営者は会社の脳みそである

　本章（I）では、会社の生産性向上のために、経営者が何をするべきなのか、何をしてはいけないのか、どうあるべきなのかという話をしました。生産性向上における経営者の役割を紹介しましたが、それは一言でいうと「経営者のあるべきマネジメントの姿」を示したことになります。

　一方、経営者の役割として「戦略を決める、そして戦略に基づいて指示する」ことは、マネジメントと対をなして重要な役割になります。むしろこちらのほうがそもそも必要なことでしょう。つまり、「会社という場を使って何をするのか」を明確に定めることです。第1章（II）にて会社の機能について解説した際、「経営者は燃料である人やお金を使って商品を生み出す。その商品を売って収益を上げることが経営そのもの」と紹介しました。そして、そのために必要になるのがここで紹介する「戦略」です。

　戦略とは、マーケットを読み抜くことや自身の企業の能力を見極めることで、収益を上げられる商売そのもののやり方を決めることです。商売を行うには、適切な資源配分をして効果的に商品を生み出す一連のプログラムを定めることが必要ですが、これも戦略に含まれます。これらの戦略を決める人、これらの戦略をもとに従業員に指示して会社を動かす人、それが経営者なのです。

　つまり、経営者とは企業にとっての「脳みそ」です。経営者は「自らが会社の頭脳である」ことを自覚しなければなりません。なぜなら、経営がうまくいくかどうかは部下の責任ではなく、経営者の責任だからです。すべての責任を背負い、必ず勝たなければならない、それが経営者なのです。

戦略（せんりゃく）：企業や団体などが、ある特定の目標を達成するために、長期的視野と複合的思考で力や資源を総合的に運用する技術・科学である。市場分析、自社の生産能力分析、事業の方向性の決定などを行う。戦略を決定する経営者はそのすべての責任を負い、ライバル企業との競争に勝たなくてはならない。

戦略の作り方

とはいえ、戦略は科学であり技術です。従って、いくら経営者が会社の脳みそであるといっても、文字通り頭の中のイメージだけで戦略を決めて良いわけではありません。それはただの思いつきであり、誰にも共有できないものです。一部の天才的な経営者が、誰もが思いつかないような素晴らしい戦略を作って、ビジネスを大成功させることがあります。しかしそれも緻密な情報収集と論理的な分析が行われた結果であり、決して根拠のないものではありません。もっというと、戦略は、一部の天才が生み出すものではなく、経営者なら誰でも生み出さなければならないものであり、同時に生み出せることでもあります。

戦略を作るのには、基本的に押さえないといけない「5つの手順」があります（**図4-3**）。第1はマーケットと生産に関する情報を集める「情報収集」です。売りたい商品、養殖業の場合は対象魚種のマーケットでの評価、月単位での変動、技術的**歩留り**など、需要側と供給側それぞれのできるだけ正確な情報を集めます。

次に第2の「分析」に進みます。集めた情報を徹底的に分析して、どのような商品が作られ、誰にどのような形態で売られているのかを見定めます。

第3に「方向性の決定」です。分析の結果を元に、大まかに誰にどのような商品でどのような商売をするのかを決めます。

そして第4に「FS」です。FSとは**フィージビリティ・スタディ**の略で、実際にその商品で事業を行う場合、どの程度の売上で黒字になるのかなど、細かく財務予測の分析を行うことです。基本的に事業ごとに財務三表が必要となりますが、少なくともP/L（損益計算書）とC/F（キャッシュフロー計算書）だけは欠かせません。B/S（バランスシート）は増減とその後の減価償却に関連する部分を抑えておくだけでも良いでしょう。このFSによって、その事業を実施できるか否か判断し、具体的な戦術についても詰めていきます。そして第5に「経営判断」です。

情報収集

情報収集はすべての始まりであり、決しておろそかにしてはならないプロ

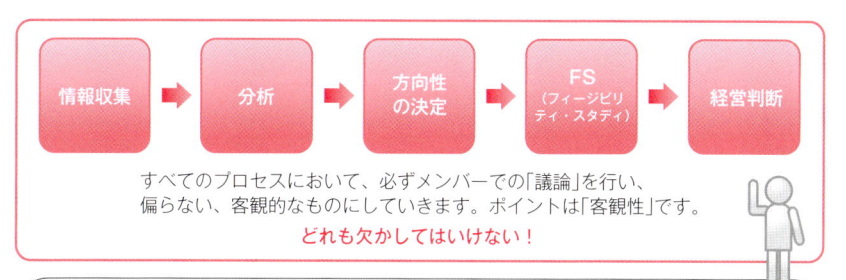

第4章　経営者が経営を動かす方法

```
情報収集 → 分析 → 方向性の決定 → FS（フィージビリティ・スタディ）→ 経営判断
```

すべてのプロセスにおいて、必ずメンバーでの「議論」を行い、偏らない、客観的なものにしていきます。ポイントは「客観性」です。

どれも欠かしてはいけない！

> 戦略の材料は極めて客観的なものであり、合理性に基づくものでないといけません。しかし、人の心をひきつける魅力がなければ、誰もその戦略で戦おうとは思いません。要するに「楽しい・儲かる・意味がある」というものを心がけるということです。

図4-3　戦略決定のプロセス

セスです。入手した情報が他企業の知らないものであり、将来のマーケットを形成する要素となるものであるなら、企業は大きな利益を上げることができるでしょう。逆にその情報がいわゆる「ガセネタ」だった場合には、企業は大きな損失を出してしまうかもしれません。

　そもそも情報は、お金をかけてでも集めるべきものです。活字になっていない情報も多く、情報の種類によって収集方法は異なります。その主な方法に、ヒアリング、文献収集、研究、ワークショップ＆議論などがあります（図4-4）。

●ヒアリング
　最も基本的で効果的な情報収集の方法がヒアリングです。つまり「人に聞く」ということです。例えば、養殖の対象魚種について「良い種苗はどこから手に入るのか」、「生産技術のポイントはどのようなものか」、「市場が拡大している地域はどこか」、「誰が問屋として流通を牛耳っているのか」などです。そもそも活字になってはいなくても、事業を行う上で欠かせない情報は「情報を持っている人の脳みその中」にあることが多々あります。

歩留り（ぶどまり）：生産（製造）において原料の投入量から期待される生産量に対して、実際に得られた生産量比率。歩留り率とも言われ、生産性や効率性をその高低で優劣を表す。
フィージビリティ・スタディ（ふぃーじびりてぃすたでぃ）：費用対効果調査、費用便益調査。新製品や新サービス、新制度に関する実行可能性や実現可能性を検証する作業のこと。

ヒアリング	文献収集	研究	ワークショップと議論
直接さまざまな関係者に「聞く」こと。情報収集の基本であり、現場のホットな情報はここから手に入る。本物を見極める能力が必要。	既に活字になっているものは確かな情報であり、知っていて当たり前。逆に公開情報なので、知らなければ乗り遅れる。	先行者利益を生むためには不可欠なもの。他社には分からない技術的なノウハウはこの研究（業務内での工夫も含む）で得られる。	情報や考えを混ぜ合わせ、組み合わせて最適なロジックにまとめ上げる。同時に合意も形成され、不可欠なもの。情報が練られる。

> 情報収集は、一種類の方法だけで行うのではなく、これらの方法を「すべて行って」固めていくものです。また、基本的に情報収集は最後に議論があることから、単独ですることではありません。

図4-4　情報収集の4つの方法

　ただ、こういう情報が嘘や思い込みの可能性もあります。虚実を確かめるには、情報提供側の経済的な背景や**インセンティブ**を見極めることが必要です。情報の正確性を担保するのは難しいですが、ヒアリングのプロセスなくして、ホットな情報を手に入れることはできません。

　また活字に落とされる前の最新情報は、それを知っている人から聞くのが一番効果的です。情報提供者を探すことが難しいという問題がありますが、それにはいくらか方法があります。

　まず、その人が専門的知識を持っている識者であるならば、何らかの文章を執筆している可能性があります。ゆえに、文献などを検索して、その人の名前が出てくる場合、その内容からその背景にどんな情報を持っているかを推測して当たりをつけることもできます。

　さらに効果的なのは、同業者に聞くことです。「この分野は誰が詳しいか」をそれとなく聞くと良いでしょう。指導的立場にある行政担当者などに聞くのも効果的です。つまり、人からの評判を頼りにするということです。

　もう1つ、研究機関へ問い合わせる手段もあります（もちろんお金を払うことになりますが、お金がかからない情報にはあまり価値はありません）。手前みそになりますが、**近畿大学水産研究所**が数多くの養殖技術を開発してきたことはご存知だと思います。養殖に関する技術的な情報がおそらく国内で最も集積されている機関であると思われますので、技術的な情報収集なら

利用できるでしょう。

●文献収集

　インターネット上の資料や、論文、本書のベースとなった筆者の連載が掲載されている月刊「養殖」のバックナンバーなど、文献を調べることは情報収集の王道です。「売れ筋商品は何か」、「経営上のリスク（魚病など）は何か」などの基本的な情報は一通り文献から得るべきです。情報収集に関しては順位があります。最も参考にすべき情報は、先に挙げた月刊「養殖」などの産業誌です。ある産業に特化した専門誌として月刊などで出ているもので、情報が仕分けされたものであると同時に、活字に落とすプロセスで誤った情報が除外されているので、最も活用頻度が高く、依拠すべき情報になっています。

　次に使うのは学会誌などにある論文です。ただ論文は科学の結果であるので、産業技術としてすぐに使えるかどうかは別問題です。そのため産業誌と比較すると優先順位が落ちます。もちろん、科学者にとっては学会誌が重要なのですが、ここではあくまで産業の視点から話をします。

　インターネットは文献の検索など「情報の所在」を参考にするのには適していますが、情報そのものはしっかりと精査しなければなりません。なぜなら、インターネット上の情報には、公認されていない個人的な意見があたかも事実かのように書かれたものも多く、相当にリスクが高いからです。ただ、インターネット上には、新聞記事や研究所報告、論文、統計情報などもありますので、重要な情報源であることは間違いありません。

　また市場統計は、商品の価格の動きを見極めるために不可欠な情報です。商品となる水産物の価格が「いつどこでどのサイズならどの程度か」という情報はあらかじめ得ておかないといけません。これらの情報はインターネット上の市場統計から入手できます。ない場合は漁協や漁連、または自治体が蓄積しているはずですので、問い合わせてみると良いでしょう。

●研究

　自社で開発できる企業にとっては、その情報こそが商売のネタであるた

インセンティブ（いんせんてぃぶ）：ある行動や意思決定を起こさせる報酬などの誘因。自動車メーカーがディーラーに対して払うインセンティブなど。
近畿大学水産研究所（きんきだいがくすいさんけんきゅうじょ）：日本の養殖技術開発を古くから行う近畿大学の研究所。近年ではクロマグロの完全養殖技術の達成が話題となった。

め、他人から仕入れるのではなく、自ら作り発見するという方法をとります。これこそ企業が「先行者利益」を得るために必要なことであり、利益を生み続けるために不可欠なことになります。

しかし、研究を自社だけで行うには相当な労力が必要です。単独で行うことができない場合は、水産試験場や大学などの研究機関と共同で行うことをお勧めします。この場合、研究成果となる情報はすべてを自社のものとすることはできませんが、投資費用を大きく節約することができます。また、場合によっては、その事業そのものの実施によって利益を得ることも可能でしょう。

● ワークショップと議論

情報収集と方向性のコンセンサスを同時に可能とする方法が「ワークショップと議論」です。参加者の意見を求め統合することで、問題解決の方向性や戦略の方向性の素案を見出すことを目的とします。「ワークショップ」にはKJ法と呼ばれるポストイットを使った方法、座談会の形式で議論をする方法などがあります。

「議論」は分析や方向性の決定にも必要となるものですが、情報収集においても極めて重要な役割を果たします。話し合うことで情報が混ぜ合わされ、戦略のもととなる「ロジック」が形成されていきます。

分析

情報を一通り集めたら、その情報をもとに分析を行います。ここでいう分析とは「どのような商品がいくらで販売されているのか」、「費用はどれくらいかかるのか」を明らかにすることです。すなわちマーケティングと生産に関する分析です。分析方法にはいくつかの手法があり、以下に統計情報を元にする定量的分析について紹介します。

分析とは「当社の能力ならこの費用でこのような商品を製造できる。その商品をこの価格で売れば収益は上がる」ということをザックリと把握することです。分析の対象は2つあります。1つ目には「マーケット」が挙げられます。対象水産物の価格動向が分かっていれば「生産物の販売単価がいくらになるのか」、「どの程度変動するのか」、「リスクはどの程度あるのか」を明らかにできます。また2つ目は「原価」です。第2章（Ⅱ）の損益計算書の

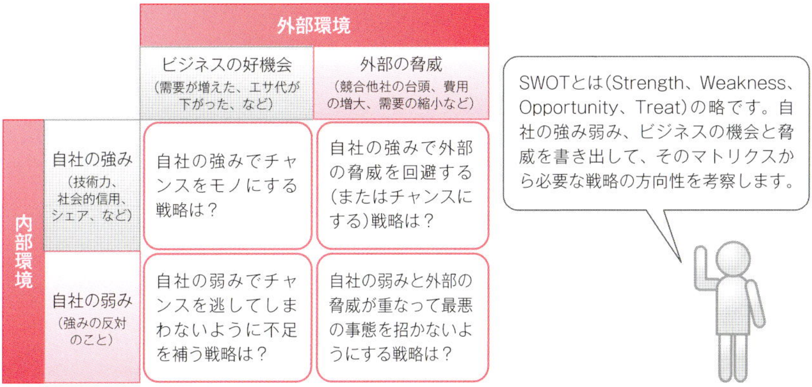

第 4 章　経営者が経営を動かす方法

	外部環境	
	ビジネスの好機会 (需要が増えた、エサ代が下がった、など)	外部の脅威 (競合他社の台頭、費用の増大、需要の縮小など)
自社の強み (技術力、社会的信用、シェア、など)	自社の強みでチャンスをモノにする戦略は？	自社の強みで外部の脅威を回避する(またはチャンスにする)戦略は？
自社の弱み (強みの反対のこと)	自社の弱みでチャンスを逃してしまわないように不足を補う戦略は？	自社の弱みと外部の脅威が重なって最悪の事態を招かないようにする戦略は？

（左側に「内部環境」のラベル）

SWOTとは(Strength、Weakness、Opportunity、Treat)の略です。自社の強み弱み、ビジネスの機会と脅威を書き出して、そのマトリクスから必要な戦略の方向性を考察します。

図 4-5　SWOT 分析

項で説明しましたが、基本的に商品は損益分岐点を超えて生産販売しなければならないので、その場合の原価と数量を明らかにします。

また、企業の全体的な戦略を決める分析として「立ち位置を確認する分析」というものがあります。これは「自社が業界でどのような位置付けにあるのか」、「どこにブレイクスルーの手立てがあるのか」を明らかにするもので、SWOT 分析など（図 4-5）がこれに当たります。基本的に「脅威は何か」、「競合者は誰か」、「どこに強みがあるのか」、「どこに弱みがあるのか」などを整理します。

これらの分析を行って、①何を、②どのように生産して、③どのように販売するのかを決定できるようになります。このプロセスでは経営者だけでなく、従業員を混ぜて議論することが肝要です。

方向性の決定

分析の結果を踏まえて、次に行うのが「方向性の決定」です。または「戦

KJ 法（けいじぇいほう）：データをカードに記述し、カードをグループごとにまとめて、図解してまとめる手法。共同作業にも用いられ、創造性開発・問題解決に効果があるとされる。
SWOT 分析（すうぉっとぶんせき）：目標達成のために意思決定を必要とする組織や個人の事業などにおける、強み、弱み、機会、脅威を評価するのに用いられる戦略計画ツールの 1 つ。

略素案の決定」と言い換えることもできるでしょう。一通りの分析結果を照らし合わせて、経営者（取締役）全員が集まり、方向性を定めます。基本的に分析のプロセスでいくつかの**戦略オプション**が生まれます。

例えば、マダイとヒラメの2魚種を生産しているとして、マダイとヒラメの生産比率をどの程度にするのか、というのは戦略オプションです。マダイ重視型またはヒラメ重視型の戦略があるからです。どちらが自社の技術力として得意なのか、どちらの商品が市場の将来性があるのか、**リスク**が小さいのはどちらか、などを勘案して選ばなければなりません。

これこそ、方向性の決定の際に最も難しい葛藤であり、本来ドライに決めなければならないことです。また、マーケットの状況や生産技術の水準などで合理的に導かれるべきものです。

しかし悲しいことに実際には、方向性は合理性とは無縁のところで決められることが多々あります。「この魚種には思い入れがある」、「しがらみがあって、エサは○△社からしか納入できない」などが要因として挙げられます。ただしこういった合理的でない理由も、長期の関係性や長期の目標という視点では合理的になることもあります（もちろん目標達成の期限は設けないといけません）。

しかし、このような長期的な視点を含めたとしても、そこに合理性がない場合は、決してその方向性を選んではいけません。誤った方向性の先にあるのは、大損であり倒産です。倒産した企業の多くはこの方向性の選択の失敗によることが多いのです。ゆえに、方向性は、必ず複数で合理的に議論をした上で決定されなければなりません。

●ワンマン経営者の失敗

筆者の経験上の話ですが、あるワンマン経営者が周囲の反対を無視し、または反対した幹部を冷遇し、イエスマンだけを集めて「無議論」で経営の方向性を定めていた企業がありました。

そしてその事業は、反対した良識ある元幹部らの予想通りに多額の損失を計上して失敗しました。その結果、この会社は倒産寸前にまで追いやられました。そして失敗の原因を「反対派がいたからだ」、「事業パートナーが裏切ったからだ」などと説明しており、自身の責任を転嫁することに終始していました。先に述べたように、分析も情報収集も戦略を定める上で不可欠なプロセスです。そのプロセスをないがしろにし、しかも議論のプロセスも経

ずに至ってしまった失敗であることからも、これはその経営者の責任であると断言できます。

　経営者の方々には肝に銘じてほしいのですが、会社は経営者の「おもちゃ」ではありませんし、欲望を具現化するための道具でもありません。あくまでそこにいる従業員、株主、そしてお客さまのものであり、社会で役割を背負って初めて存在することが許される場であることを知っておくべきでしょう。ゆえに、経営者が好き勝手にして良いものではありません。権限があれば何でもできると勘違いしている人がいますが、その権限には社会に対して背負った責任が付随することを忘れてはならないのです。忘れた瞬間から、その先には滅亡があるのです。

FS（フィージビリティ・スタディ）

　「FS（フィージビリティ・スタディ）」は事業を行う場合、必ず行わなければならないことです。しかし実情は意外と適当なケースが散見されます。「どれだけのお金が必要で」、「どれだけ原価がかかって」、「どの程度の魚ができて」、「どのくらい販売して」、「どのくらい収益が出て」、「結果としてどういった財務状況」になるのかを、実施前にシミュレーションすることがFSです。

　FSは商品ごと、事業ごとに行うものですが、会社全体の**財務予測**にも使用することができます。ただ、基本的には事業ごとに行うべきでしょう。

　FSの作り方は、事業ごとに財務三表を予測することです。使用するソフトはエクセルで十分です。毎月の経費と収入を出し、月別のC/F（キャッシュフロー計算書）を作ります。これができあがればFSができたことになります。

　この作業は、企業にとって最も重要であり、おろそかにしてはならない部分です。分からなければ、公認会計士などの専門家の手を借りてできるだけ正確なものを作ってください。繰り返しになりますが、FSとは「事業ごと

戦略オプション（せんりゃくおぷしょん）：戦略の選択肢のこと。戦略代替案ともいう。実行すべき戦略は、マダイ重視型かヒラメ重視型かなどの戦略オプションの中から決定される。
リスク（りすく）：ある行動に伴って（あるいは行動しないことによって）一定に発生するコスト。一般に使われる、危険にあう可能性や損をする可能性とは異なる。

に方向性に基づいた財務三表の予測をする」ことです。

経営判断

　戦略を作る最後のプロセスが「経営判断」です。作られたいくつかの戦略素案をもとに経営者間で議論をします。すなわち取締役会で行うべき内容です。そこで「どの戦略を選ぶのか」、「その戦略をいかに実行するか」を決定するのが「経営判断」となります。

　ワンマンで周囲の意見に耳を傾けない経営者は、この判断はむしろ迅速です。なぜなら初めから答えが決まっているので、議論の必要などないと思っているからです。これは議論というプロセスを欠いているので、危険極まりないことですし、稚拙な経営技術であるといわざるを得ません。しかし逆に、いつまでも判断を先延ばしにして、いつになっても決定できないのは、これはこれで機能不全です。

　漁協の経営指導に行くと、この「**経営判断ができない**」ケースに多く出会います。その背景には「経営判断を行い、戦略を決めると、その責任を背負わないといけない」といった、失敗への恐れがあるのでしょう。しかし、戦略を選ばずに判断を先延ばしにしたというのも1つの答えであり、1つの戦略を選んだことになります。ゆえに、どのようにしようと判断はあるわけで、決めなかったことによる損害や失敗も、その経営者が背負うという事実を認識しておかなければなりません。

できた戦略の扱い

　戦略ができればそれに従った計画を作成し、戦術を決めなければなりません。社員がその内容をできるだけ迅速に共有することも重要です。さらに戦略とは競合他社には見せてはいけない「手の内」です。従って、社外秘のトップシークレットとなります。間違っても行く先々で話をしてはいけません。この戦略がもととなり、企業はマーケットに出ることができるのです。

III 戦略の実行とアクションプラン

戦略は実行されないと意味がない

　どのように素晴らしい経営戦略を立てても、それが実行に移されなければ何の意味もありません。実際、筆者が行ってきた経営指導の中でも「戦略を決める会議は存在するものの、その会議内容が実行に移されていない」という企業もありました。

　例えば、その会議の中で「A部門は人が不足していてB部門は人が足りているから、B部門からA部門へ2人異動させる」と決定したにもかかわらず、2年が経っても何も変わっていないということがありました。これはせっかく戦略を立てたにもかかわらず実行能力が欠けていることを意味しています。

　ひどいときには、現場から「なんとか人員を補強してほしい」、「機材が老朽化していて買い替えないと危ない」、「他社と競争して勝利するためにはどうしてもあの機材がいる」というSOSが上がり、それが経営会議（役員会や理事会）における議論を経て進めることが決定したにもかかわらず、実行されずに放置されることすらあります。このようなことでは、現場は疲弊して、その部分から競争力が失われ、会社が傾き始めることにつながりかねません。

　さらに悪質なのは、そもそもこのような現場の声が経営層に届かないというパターンです。これは経営者の能力不足の一言に尽きます。これまでお話してきたように、経営者は末端の情報まで知りつくしている必要があるからです。

　さて、立ち返ってこれらのトラブルの最大の問題は「戦略が実行されな

財務予測（ざいむよそく）：財務三表を予測することで事業全体の収支を読むこと。フィージビリティ・スタディによってもある程度読むことができる。
経営判断ができない（けいえいはんだんができない）：経営者が、自身の決定した戦略による事業の失敗と責任を回避するため、先延ばしにするという選択を行っている状態。

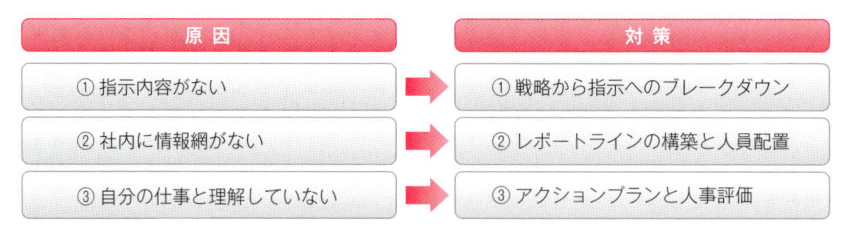

原　因		対　策
① 指示内容がない	⇒	① 戦略から指示へのブレークダウン
② 社内に情報網がない	⇒	② レポートラインの構築と人員配置
③ 自分の仕事と理解していない	⇒	③ アクションプランと人事評価

図 4-6　戦略が実行されない 3 つの原因とその対策

い」ということです。それではなぜ、そのようなことが発生してしまうのでしょうか。

戦略が実行されない原因

　戦略が実行されない最大の原因は「戦略の共有ができていない」ということです。仮に経営層が経営に重要な戦略を決めたとします。戦略は戦術になり、次に実行内容に分解されて「指示」になります。「指示」とはつまり「上司命令」ですから、それに従って従業員は動くことになります。しかし、その指示が分断されていたら、せっかく立てた戦略は末端の従業員まで伝わりません。

　その分断の形には多くの場合、以下のような 3 つのパターンがあります（図 4-6）。

●指示内容がない

　1 つ目は、指示内容がないというものです。「そもそも戦略が戦術になっていない」、「戦術にされていても実行内容が決まっていない」、「実行内容から具体的な指示が決められていない」というものです。つまり、「目的を達成するために、誰に何をいつまでにどれだけさせるか」を決めていない状態です。

　これはパソコンがプログラムがなければ動かないのと同様で、とても単純なことなのですが、会社経営においてひんぱんに発生します。末端の従業員がそもそも何をすべきか分からずに、現場の問題にとりあえず対応しているというパターンです。

　「現場で発生しているのだから現場で考えて行動する」というのはその瞬

第4章　経営者が経営を動かす方法

間では正しいですが、「何を達成するのか」という方向性や「いつまでに実現するのか」、「どの程度するのか」という具体的な内容については、現場で決めてしまっていると、部分的には正しいのかもしれませんが、それは経営とは呼べません。**全体最適**を求めなければならない経営を行う以上、会社の戦略による上司からの指示が欠かせないのです。

●指示を伝達する情報網がない

　２つ目は、経営者が決めた戦略を従業員に伝える情報網がないパターンです。「そんなバカな！」と思われるかもしれませんが、その事例は意外と多くあります。

　例えば、「毎日朝礼を行っているから全員に情報が共有されている」と思っている経営者の方もいるかもしれません。しかし、経営者が朝礼でいくら一生懸命に話したとしても、従業員が「自分の担当業務の話題である」ことを理解せずぼんやり聞いていれば、この情報網は不全だといわざるを得ません。

　要するに、その従業員に直接「君は何をいつまでにどれくらいやるように」ということが伝えられていないのであれば、それは情報伝達として機能していないということです。こういった**レポートライン**（指揮系統や決済の流れ）はコミュニケーションであるので、当然双方向の確認ができるものでないとリスクは高まってしまいます。

　もっとひどい例を紹介しましょう。通常、戦略が決定したら直ちに自らの部局に伝達することが必要となります。しかし、部局のまとまり自体が不明瞭になっていて、チームがバラバラで誰のいうことを聞けば良いか分からない状態が発生していることもあります。Ａという上司は「○○をやれ」という指示を出しているのに、Ｂという上司は「○○はやるな」と指示していて、現場の担当者がいったいどうすれば良いのか分からなくなることがあります。

　もう１度いいますが「そんなバカな！」と思われる方も多いと思います。しかしながら、このような指揮系統の混乱はよくあるパターンです。そのた

全体最適（ぜんたいさいてき）：組織において、組織全体の最適を図ること。反対に、各部分機能の最適を図ることを部分最適という。
レポートライン（れぽーとらいん）：企業や組織の中で業務報告や意思疎通を行う縦の流れ。上司には意思決定を、部下には遂行や進捗報告を求めるコミュニケーション・フロー。

め、経営者の皆さんにおかれては、改めて従業員に確認してみてほしいと思います。

●社員が自分の仕事を認識しない

3つ目は、社員がその指示を自分の仕事と理解していないパターンです。これは実際には社員側に問題がある場合と機能的に問題がある場合に分かれますが、対策方法は同じです。

社員側に問題がある場合としては、明確な指示が出されているにもかかわらず「①やってもどうせ評価されない」、「②誰かがやるんじゃないの」、「③やりたくないからやらない」が挙げられます。①と②は、指示された内容によって自身の評価が左右されることを理解できていないことから発生します。その対策としては、指示を出す側と出される側が理解しやすいツールを用意することで、おもしろいくらいに改善します。これは講義をぼんやり聞いていたり、居眠りしかかっている学生に「ここは試験に出すぞ！」というとあわてて集中して赤ペンを入れたりするのと同じです。自分の評価に直接かかわることになると、人は真剣になるものです。そして、この傾向は決してその従業員の「善悪」や気合の「有無」には関係しません。単に認知の問題なのです。

ところが③は大問題です。これは十分に認知できる方法を用いた場合でも、その従業員が「やりたくないからやらない」内容なら、認知にかかわりなく戦略は実行に移されないからです。無論、拒否したら評価が下がることが認知されることで、大体の場合は改善されますが、そうでない場合もあります。

例えば、指示内容自体がどうしようもないほどおかしく、上司も頭ごなしに「やれ！」と命令できないとしましょう。その場合は「なぜやりたくないのか」をしっかり聞くことです。戦略に重大な誤りがあって実行不可能であるために、社員が拒否することはあり得ます。

また社員から発したそのような意見は価値ある情報になります。こういうときは戦略を練り直すチャンスととらえ、部門長は迅速に議題に上げるように努めるべきでしょう。

加えて、指示が法に触れる内容であるなら社員は拒否するでしょうし、当然のことながら上司は実行を強いてはいけません。

しかし、上記に該当しない場合があります。それは「感情的にイヤ」、「あ

いつと一緒にしたくない」というものです。これはマネジメントに問題があることの表れでもあるので、本質的な解決には関係者全員への指導が必要になってきます。ただし、合理的理由もなく社命を拒否するのは「**服務規程違反**」になり、懲戒処分の対象であることを社員・従業員も理解しておかなければなりません。

　意外なことですが、社員はこんな単純なことを知らないことがあります。今すぐ全員が就業規則を読んでいるかを確認しましょう。会社経営はあくまで生活の糧を得る場であり、社会に責任を持って存在するものである以上、仲良しクラブのような運営では成り立たないのです。

戦略の実行の3つの要素

　戦略が実行されない3つの原因には、それに対応する3つの要素、すなわち対応策が存在します。

●戦略から指示へのブレークダウン

　1つ目は、戦略を「指示」にまでブレークダウン（分解）することです（図4-7）。

　まずは、経営者から部門長へ向けて部門に対する指示を出します。経営上「Aをする」と決めた場合、それをどの部門が担当するのかについて経営層は考えます。そこでその部門に対して「この方向性になったのでAをするように！」と指示を出します。部門に対する指示はまだ大枠のものであり、部員にとっていきなり実行できるものにはなっていません。あくまで部門が最終的に達成すべき内容になるのです。

　部門長は部のメンバーを集め（会社の規模に合わせて課長級、または全メンバーを召集）、「誰が何をいつまでに達成するか」という具体的な内容と期限を定めた実行内容をここで議論して確定します。

　部のミッションとなる「Aをする」という内容を実現するために「誰が何をいつまでに」ということの役割分担を確定し、その担当者に指示として与

服務規程違反（ふくむきていいはん）：労働契約で定められた規律を犯すこと。一般に、会社と従業員は労働契約を交わすが、会社は社内規定によってさまざまな義務を明確化している。会社はこれの周知を行い、従業員が遵守することを期待する。違反をすると、何らかの懲戒処分の対象になる。しかし社命の拒否がそれに当たると認識されていることは少ない。

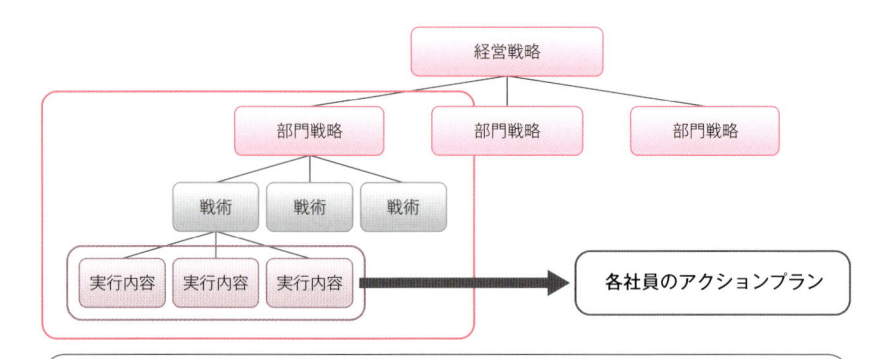

```
                    経営戦略
           ┌───────────┼───────────┐
        部門戦略      部門戦略      部門戦略
      ┌────┼────┐
    戦術  戦術  戦術
    ┌──┬──┐
  実行内容 実行内容 実行内容    ➡    各社員のアクションプラン
```

> 経営戦略は、実行内容にまでブレークダウン（分解）されていきます。実行内容を社員に指示として与えれば、それは動き出すのですが、各社員が仕事としてしっかり自覚して実行するように、アクションプランにするのが効果的です。

図 4-7　戦略と実行内容の関係

えることになります。この作業は極めて重要になります。

　チームで仕事をしている以上、社内では誰かの仕事が終わらなければ自分の仕事に取り掛かれないし、終了もできないという事態が常に発生します。逆にそのような作業の連鎖がうまく噛み合っていけばこそ1人ではできない大きな仕事ができることになります。だからこそ、「自分がいつまでに何を済ませればいいのか」をチーム全体が互いに理解し合わなければなりません。

●**レポートラインの構築と人員配置**

　ブレークダウンと同時に、またはあらかじめ構築しておかなければならないものが、レポートライン（決済の流れ）と実行内容に合わせた**人員配置**です（図4-8）。

　もともと確定したチームがあり、そのチームに指示を出すだけで実行可能な状態になっているのであれば、全く問題ありません。しかし、実行内容が重なっていて、部内にさまざまなチームができ上がっている場合は注意が必要です。このときは、レポートラインの明確化と最適な人員配置をしなければなりません。

　なぜなら、これは前述のように、複数の上司の存在や実行内容の優先順位の混乱を招き、結果として機能不全を起こすことにつながるからです。

　チームは、実行内容ごとにリーダーと構成員がつながった1単位であり、

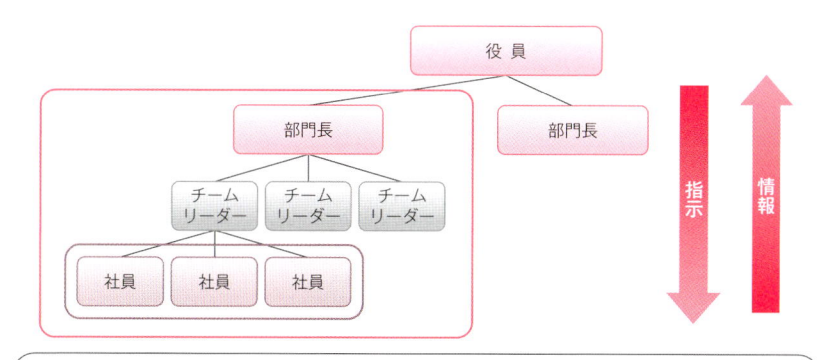

第4章　経営者が経営を動かす方法

> レポートラインと戦略実行の流れは一致します。戦略に基づき上部階層から下部階層に指示が出され、下部階層からは報・連・相によって、情報が上がってきます。

図 4-8　レポートライン

各チームを統括するのがその部門長です。レポートラインとは、この部門長から構成員までの縦の流れのことを意味します。チームの構成員にとって直属の指揮官はチームリーダーであり、チームリーダーの指示に従って行動します。チームリーダーへの指示は部門長が行います。チームの構成員が重複している場合には、部門長のもとチームリーダー間で調整を行います。そして部門長は自身の直属の役員からの指示を受けるという関係になります。よく社内コミュニケーションの形としていわれる「**報・連・相**」（報告・連絡・相談）はこの間で行われます。

人員配置は、実行内容に最適な人員をチームに入れる作業であり、他の実行内容との調整で決めます。人員配置で注意すべきは、それぞれのキャラクターをよく知り抜いた上で、生産性の向上につながる関係性を構築できる配置になるよう考慮することです。

例えば「視野は狭いが深く作業ができる人には、広い視野を持った人をパートナーにする」ような形です。似通ったキャラクターだけをそろえてし

人員配置（じんいんはいち）：従業員・職員が快適に働けるようにするため、また人員を効果的に活用するために最適な部署に配置すること。生産性向上につながる関係性を構築できるように、人員のキャラクターに合わせて組み合わせることが必要になる。交代制の勤務体制が必要な企業では、勤務の割り当てを行った勤務表を作成する。

平成　年度　アクションプラン設定書					
氏名			評価者		合計評価

	実行内容	期日	達成目標	ウエイト	評価
1	新商品の開発	年度内	1魚種の商品を開発し、マーケットインする	30%	
2	売上への貢献	年度内	5,000万円の販売になる営業を行う	30%	
3	魚病情報の収集と予測	上期	本年度に発生しうる魚病の予測を周囲情報から行う	20%	
4	新技術情報の収集	下期	新養殖技術の情報を仕入れ、経営に反映できるようにまとめる	20%	

- 加重平均が95〜105ならB、それ以上がA、以下がCのように評価する。
- 期待通りなら100、それ以上なら110、以下なら90のように評価する。
- ウエイトは合計で100になるように重要度を勘案して設定する。
- この部分は、まさに戦略を指示にブレークダウンしたもの。

図 4-9　アクションプラン

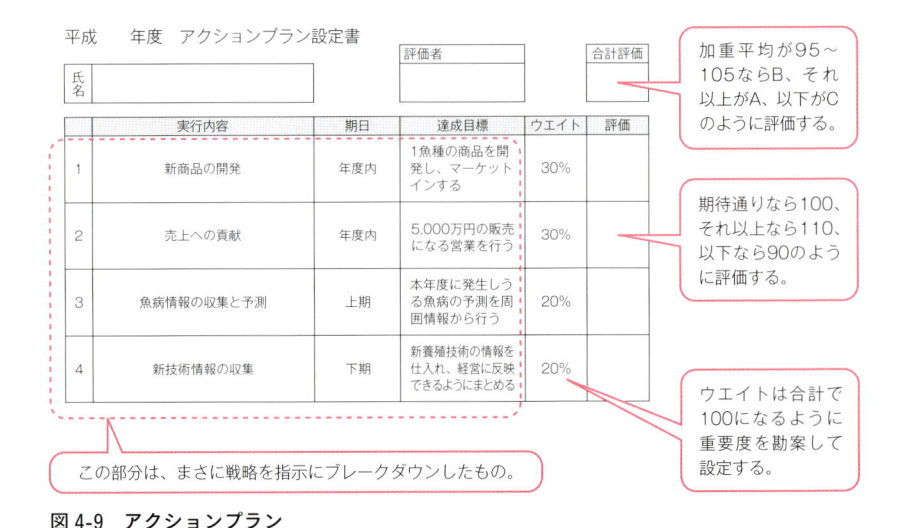

まうと、単層化によって失敗のリスクが高まりますので、ある程度異なるキャラクターを混ぜることが重要です。しかしキャラクターの違う人を1つのチームにすると、衝突が発生しやすくなるので、チームリーダーのマネジメント力と仕事の上でのルールの厳正化が必要となります。

　前述したように、仕事というものは社会に対して責任を伴った行為です。好き嫌いの感情で人を判断する仲良しクラブのようなことがないよう、「公」の姿勢を全社員・従業員が徹底して保つための指導は合わせて必要になります。

●アクションプランと人事評価

　3つ目に必要なのが**アクションプラン**です（図 4-9）。何をいつまでにどの程度実行するのかを各社員にミッションとして与え、その達成度合いによって評価するという一連の仕組みのことです。

　ミッションとは実行内容に基づく指示であり、戦略によって導き出されたものです。このミッションの積み重ねによって実行内容は構成され、そして戦略になります。ゆえに、戦略の実効性は最終的にはこのアクションプランによって左右されるといっても過言ではありません。このアクションプランによって、それぞれのミッションを「社員が自分の仕事と理解する」ことが

でき、その仕事の出来不出来で自分の評価が決まり、結果として昇進が左右され、給与も決まってくることが明確化されます。

つまり、アクションプランとは、オーダーの確認書のようなものであり、社員と会社の間で取り交わされ、お互いの立場を守るツールであるといえます。よって、アクションプランに書かれていない内容を社員に強要しても戦略と外れますし、社員もアクションプランに書かれていない内容を実行しようとしても、評価の対象にならないという意味で、お互いアクションプランに従う方がリスクが低くなるということになります。

アクションプランは、基本的に戦略に基づくものであるので、レポートラインの中で設定されます。

まず役員と部門長の間で作られ、部門長のアクションプランは部門の目標そのものという設定になります。部門長とチームリーダーの間でチームリーダーのアクションプランが作られ、これはチームの目標に該当します。そしてチームリーダーとチームのメンバーである社員との間でメンバー社員のアクションプランが作られます。つまり各人の受け持つミッションを紙面に落とし込むという作業になります。

アクションプランの設定は毎月の面談で確認し、指示内容も確認しましょう。達成度合いの確認は人事評価という形で通常半期に1度行い、想定以上ならA、想定通りならB、想定以下ならCといったような形で評価していきます。人事評価については、各社の事情に合わせてフレキシブルに設定します。

このようにすれば、各社員はアクションプランに書かれた内容は自分の仕事であることが分かりますし、書かれた内容を実行することで戦略は結果として実行されることになり、「戦略が作られても実行されない」ことが回避されるのです。

もちろん強力なマネジメント能力を持つ優れたリーダーのもとでは、アクションプランがなくても戦略の実行は可能です。ただしそのように稀有な人の能力に頼り切らなくても、ツールを使えば割と簡単に戦略が実現できるよ

報・連・相（ほうれんそう）：報告・連絡・相談の略で、業務を円滑に遂行するために必要な一連の動作。レポートラインの中で、行われる社内コミュニケーション。
アクションプラン（あくしょんぷらん）：戦略や改革の具体策。一般に2～3年程度の時間軸で設定した中期プラン（マスタープラン）と数カ月程度の短期実行プランの2種類を用意する。

うになるのです。ぜひとも使ってみてはいかがでしょうか。

指示は必ず実行し、現場の声は必ず戦略に生かす

　さて、ここまで説明してきた要領で事業に取り組むことができれば、戦略の実行は可能です。しかし、さらに重要なことはフィードバックです。戦略は絶えず進化しなければなりません。また、現場の生の情報を経営に反映させなければ机上の空論になってしまいます。ゆえに、指示は必ず実行に移し、そして現場の声や情報は必ず戦略に生かすという関係性が重要になってきます。

　そのためレポートラインにおける「報・連・相」やアクションプラン、面談などが重要になってくるのです。

第5章

経営を再建してよみがえらせる

Ⅰ 経営再建のための具体策①
～再建の基本～

経営の再建

　2011年3月11日に発生した**東日本大震災**では多くの尊い命が犠牲になり、津波によって水産業界は大きなダメージを受けました。特に水産業界の中で先進的な拠点であった三陸は壊滅的被害となりました。そのため国策として日本の水産業の再興が果たされなければなりません。しかし実際に政府レベルでの復興には時間がかかるものです。なぜなら災害からの復興にはさまざまなプロセスがあると同時に、多くの**ステークホルダー**の意見があり、なかなか元通りとはならないのが現状だからです。

　とはいえ実際に日々時は流れ、経営体は費用を発生させ続けているため、キャッシュは流出し続けます。従って、水産業を営まれている経営者の方々にとっては、経営を元通り、もしくはそれ以上の状態に持っていく舵取りをしなければならず、人任せにはできないというのが実情です。

　「経営の再建」は、時間との勝負の中で経営者が自ら執り行わなければなりません。また、より強い事業内容にしなければならないものです。

　筆者はこれまで、台風で壊滅的ダメージを受けた養殖業や定置網漁業など、たくさんの経営体の再建に取り組んできました。もちろん、この東日本大震災ほどの大規模のものを経験したことはありませんが、「再建」の手法については変わりません。

　ここでは特に震災によってダメージを受けた水産業の方々が、1日も早く再建の軌道に乗り、そしてより強い経営体になっていくための一助として、その具体的方法について述べることにします。

再建の手順

　経営の再建には手順があります（図5-1）。再建の対象には、これまで通りにやっているのに外部要因が変化したり、ビジネスモデルが劣化した場合

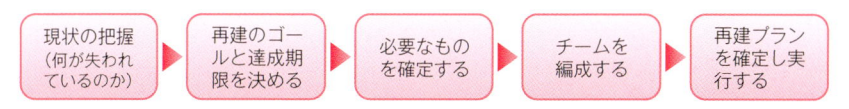

第 5 章　経営を再建してよみがえらせる

```
現状の把握         再建のゴー      必要なもの       チームを         再建プラン
(何が失われ    →   ルと達成期  →  を確定する   →   編成する    →   を確定し実
ているのか)        限を決める                                        行する
```

再建においては、①現状で何がどれだけ失われたのかを早急に把握し、②事業採算性が成立する目標（ゴール）を明確にし、各フェーズの達成期限を定め、③必要なものを確定すると同時に必要な資金の規模を明確にし、④再建のチームを編成して役割を分担して、⑤再建プランの確定と同時に実行することが求められます。

図 5-1　再建の流れ

もあれば、東日本大震災のように生産インフラそのものが破壊されてしまった場合もあります。前者については本書にていろいろな側面から対策を述べてきましたので、ここでは後者について解説します。

●手順①：現状の把握

東日本大震災では、漁船や育成中の養殖水産物だけでなく、海上施設や陸上施設など固定資産や流動資産もすべて消滅した経営体が多く出てしまいました。さらに周辺の共有インフラ（漁港、水揚げ場、飼料メーカー、加工施設、製氷施設など）も壊滅しているため、どこから誰と何をすればいいのか分かりにくい状態になっています。

このような中、大切なことは、自分たちでできることと、自分たちだけではできないことを分けることです。そのためには、「水産業」という事業を一から始めるとした場合、いったい何が残っていて何が失われているのかをまず整理し、把握しなければなりません。

●手順②：ゴールと期限の決定

次に「再建のゴールと期限を決める」ことが必要です。「いつまでかかるか分からないけどがんばる」という気持ちは大切ですが、経営にお金をかけて動かす以上は「いつまでに実現するかを決めて、ステップを着実にこなし、ゴールに到達」しなければ、お金が底を尽きてしまいます。また、目標となるゴールの設計がないと、何をどこまでいつまでにやれば良いのか分か

東日本大震災（ひがしにほんだいしんさい）：2011 年 3 月 11 日、宮城県牡鹿半島沖を震源とする東北地方太平洋沖地震は、日本の観測史上最大規模となるマグニチュード 9.0 を記録した。
ステークホルダー（すてーくほるだー）：企業・行政・NPO などにおいて、直接的、あるいは間接的な利害関係を持つ者。日本語では利害関係者と呼ぶ。

りません。

●手順③：必要なものの特定

「必要なものが何かを特定する」のが3番目に必要なことです。「失われたものは何か」、「ゴールはどういうものか」を見定め、実際に事業を行う上で必要不可欠なものを特定する作業をします。ここで、自力でそろえるものと、周辺（＝他人）にそろえてもらうものが明確になります。

●手順④：チームの編成

次にこの再建を実現するための「チーム」を作ります。社内チームと社外の多くの組織と連携する社外チームの2つが必要です。社内でできることは社内チームが役割を果たしていくことで再建が進んでいきます。一方、社会的インフラの整備や復興に関連する資金などについては、行政や漁協など外部の組織との役割分担ならびに協働や実行が重要になってきます。これには社外チームとして積極的に参加していくことが必要です。

●手順⑤：プランの確定と実行

役割分担まで決まると「再建プランを確定し、実行」します。

現状の把握

何よりも最初に行わなければならないのは現状の把握です（図5-2）。災害によって何がどれだけ失われ、何が残っているのかを正確に把握しなくてはなりません。復旧可能なのか、作り直す必要があるのかないのかなども明らかにします。

●生産〜出荷段階の何が失われているのか

生産において何が失われているのかをつかむのと同時に、生産した商品を出荷できるのかについても把握しなければなりません。

例えば貝類の養殖では、水揚げ後、むき身にする加工工程があります。加工施設が失われている場合は、その再建も必要になります。さらに物流が機能しているか否かも把握しなければなりません。市場に出荷する場合、産地市場の再建も必要です。

もちろんこのような外部のインフラは、社会全体で負担するものなので行政によって再建が行われるものです。しかし「いつまでに」、「どの程度か」を確定するに当たっては、生産サイドの経営者も発言していかないといけま

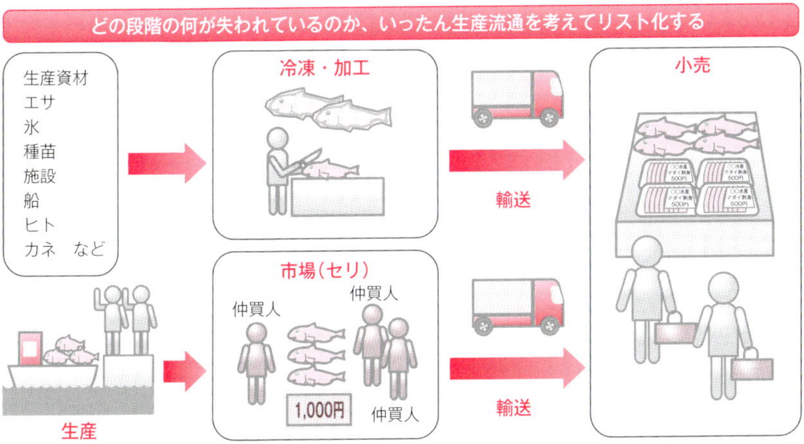

第5章　経営を再建してよみがえらせる

図 5-2　現状の把握（何が失われているのか）

せん。昔からあった施設は、長い年月の中、多くの関係者の意見を取り入れてその形に収まってきたものです。新しい施設を作るにしても、現場の意見という生の情報がなければ、使い勝手の悪い偏ったインフラになってしまいます。

●残っているものは何か

　逆に残っているものは何かということも正確に把握しておく必要があります。水産業では全般的に「人」に技術が集約化されていることが多いため、技術者が残っているかどうかも大変重要です。

　また、漁業にとっては漁船の確保も必要となります。さらに養殖業にとってはエサや種苗などの確保も重要であり、これらの情報は特に漁協経由で把握するのが良いでしょう。こういうときに役立つのは系統組織の全国的な情報だと思います。

●リストにする

　以上のように、生産し、出荷して、商品が最終的に消費者に届くまでを考

系統組織（けいとうそしき）：「1人は万人のために、万人は1人のために」を合言葉に、第一次産業従事者による経済的・社会的地位の向上を図るために作られたもの。市町村段階の漁協から、事業ごとに組織された都道府県、全国段階の連合会に至る協同組織。農業協同組合（JA）、漁業協同組合（JF）、森林組合（JForest）など。金融事業は農林中央金庫（農林中金）。

> **ゴール（目標）**
> ○○の漁業・養殖業・加工業で、○億円の売上高を上げ、事業利益での安定的黒字化を実現する。

1. フェーズをきって、何をいつまでに実現しないといけないかを決める。
2. 基本的に復興はビジネスのサイクルから考えて5年程度で一通りのレベルにまでの実現を想定する。
3. ゴールは「元通り」というイメージではなく、新しく作り直し、以前以上のものというゴールにする。それを実現できるように周囲から支援する。そうしなければ失われたシェアを取り返すことは容易でなくなる。

図 5-3　再建のゴールと期限を決める

えて、どの段階で何が失われているのかをリスト化し、いかにしてそれを補い、機能させるかを考えないといけません。

再建のゴールと期限を決める

　次に重要なのは目標を定めることです（**図 5-3**）。具体的には再建のゴールとその達成の期限を決めることですが、通常、その期限は5年くらいが目安になります。「○○の漁業で、○億円の売上を上げ、事業利益での安定的黒字化を実現する」というものがゴールです。

●再建の目安は5年

　当然、自立した経営が可能にならないといけません。再建に関連する補助金などは営業外収益なので、事業利益で黒字化すれば自立したことになります。ゆえに、事業利益黒字化をゴールに設定するのが妥当です。要するに、事業の規模を決め、事業利益の黒字化を5年で達成するという再建プランを確定し、それを5カ年計画で実行するという流れになります。

●再建計画を段階に分ける

　ポイントとしては、再建計画をフェーズごとに分けて、何をいつまでに実現するかを決めることです。漠然と5年を計画するのではなく、ステップアップの結果にゴールがあるようにします。

●震災以前よりも優れたゴールにする

　もう1つのポイントは、ゴールを「元通り」ではなく、新しく作り直し、以前以上のプラスにすることを想定しなければなりません。再建に費したす

べての時間を無駄にせず、さらに失われたシェアを取り返すことは容易ではないからです。

　東日本大震災では全国の生産額の4分の1が失われました。つまり国産水産物の供給力が相当に減少したことになりますので、かなり品薄になります。消費者はどこからか調達しなければならず、商社では三陸のカットワカメの代替として韓国から緊急輸入を実施しました。また、カキの主産地である三陸が大ダメージを受けたことにより、その供給不足を埋める形で韓国産のマガキの輸入が増加しました。かなりのシェアを占めるようになり、全国のスーパーでも見かけるようになりました。

　このようなことを契機として、ますます海外から**ユーザビリティ**が高い水産加工品が入ってきますし、国内の競合他産地製品もシェアに食い込んできます。一度奪われたシェアを取り返すためには以前と同じことをしていたのでは勝負になりません。もとより高い競争力を備えた再出発の実現を迫られることが再建時の難しさといえるでしょう。

再建に必要なものを確定する

　ゴールを定めたら、次はそれをどのように実現するかです（**図 5-4**）。実現のために必要なものを確定する作業に入ります。基本的には「ヒト」、「モノ」、「カネ」に分けて考えれば良いのですが、ここでは「情報」も必要な要素として付け加えておきます。

●ヒト

　「ヒト」というのは人材です。お亡くなりの場合もあるでしょうし、別の地域への移住を選択する人もいるでしょう。人材の確保は大規模災害時には難易度が高くなります。家族経営の場合は別ですが、企業経営の場合、人材の確保は政府の復興関係予算による人件費補てんを期待したいところです。しかし、それだけでなく経営者の熱意も不可欠なものです。前向きな熱意のもと、広く人材を集めて新しく経営を作り直していくことになります。

ユーザビリティ（ゆーざびりてぃ）：use（使う）と able（できる）から来ており「使えること」がもともとの意味。使いやすさ、あるいは使い勝手という意味合いで使われることが多い。しかし、厳密に定義されたわけではなく、利用性、使用性、可用性、利用品質などが似た意味合いとして使用される。

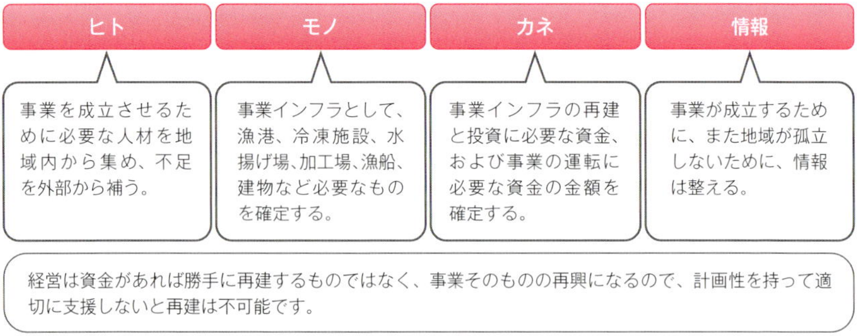

ヒト	モノ	カネ	情報
事業を成立させるために必要な人材を地域内から集め、不足を外部から補う。	事業インフラとして、漁港、冷凍施設、水揚げ場、加工場、漁船、建物など必要なものを確定する。	事業インフラの再建と投資に必要な資金、および事業の運転に必要な資金の金額を確定する。	事業が成立するために、また地域が孤立しないために、情報は整える。

経営は資金があれば勝手に再建するものではなく、事業そのものの再興になるので、計画性を持って適切に支援しないと再建は不可能です。

図 5-4　再建に必要な要素を確定する

●モノ

「モノ」はとても重要で、生産に必要な流動資産、固定資産などが該当します。また手順①で作った失われたもののリストの中から、「自身の漁業経営において生産・販売・流通すべての面で足りないもの」を探すことで、何が必要か把握することができます。

●カネ

再建には相当な「資金」が必要です。政府の支援や義捐金なども考えられますが、それだけでなく融資も必要でしょう。系統金融からは政府の支援を受け、復興の無金利融資などが創設されれば、再建は相当に楽になってきます。いずれにしても、この再建に必要なお金を工面するために、行政の支援が必要です。

なぜなら、あらゆる固定資産が失われた状態で、金融機関からお金を借りることは事実上不可能だからです。これは、担保も実績もない状態でお金を借りるのと同じこと、つまり「起業したからお金を貸してください」というのとほぼ同じで、金融機関にとってもリスクがかなり高くなります。だからこそ、そのリスクを公的機関が負担することが必要になってくるのです。

●情報

行政の支援を受けながら経営再建を進めるためにも「使える補助金にどのようなものがあるのか」といった具体的な〈情報〉がないと話になりません。こういった情報を集め、つなげる存在として漁協や漁連の役割は大きいといえます。

第5章　経営を再建してよみがえらせる

［図：生産します！／漁業者の経営を支えます！／政策的支援をします！／事業の支援をします！　役割分担
　再建の主体になる生産者／資材を提供する漁協／行政／専門家・企業］

図5-5　再建のチームを内と外にそれぞれ作る

再建のチームを内と外にそれぞれ作る

　次に「誰がするのか」を決めます（**図5-5**）。経営内部のことは会社内で再建チームを作り、日々の業務とは切り離して着実に再建プラン実行の**PDCAサイクル**を回します。

　より重要になってくるのは、会社の外に作るチームです。経営者は外部の支援者や関係者と再建計画を共有し、それぞれの役割分担を明確にして、経営を再建していくことになります。もちろん経営者自身は生産こそが役割になるのですが、資材や情報を提供し経営を支える漁協、さまざまな行政的支援を行う地方自治体および政府、そしてこれらの再建を円滑に進めるための専門家や生産物を取り扱う企業などもチームの構成員には必要だと考えられます。

　社外に作るこのチームによって、地域全体ひいては日本の水産業という産業の復興が果たされることになります。個人や、企業単体ではできることに限界があるので、このような大事態では特に多くの人々と協力し、助け合いながら再建していくことが大切です。再建とは1つのプロジェクトです。プ

PDCAサイクル（ぴーでぃーしーえーさいくる）：事業の生産管理や品質管理などの管理業務を円滑に進める手法の1つ。Plan（計画）、Do（実行）、Check（評価）、Act（改善）の4段階を繰り返すことによって、業務を継続的に改善する。最後のActを次のPDCAサイクルにつなげ、螺旋を描くように1周ごとにサイクルを向上（スパイラルアップ）させる。

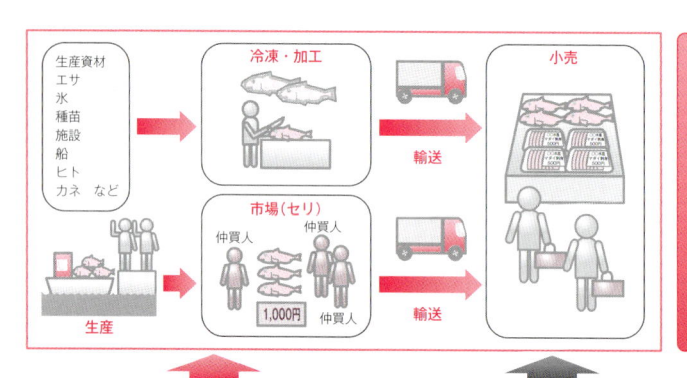

図 5-6　再建プランを確定し実行する

ロジェクトには実行者が必要になりますが、このチームこそが実行者となるのです。

再建プランを確定し実行する

　これまでの手順によって、再建プランはほぼ完成しています。後は、いつまでに誰が何をするという「ToDo リスト」＝現在するべきことを書き出したものを作ります。これが再建プランの具体的な行動指針となります（**図5-6**）。

　再建に当たっては、綿密に作り上げた再建プランに従って計画的に進めた方が、成功の確率は上がります。行き当たりばったりでは、目標に達することが困難です。計画があり、それを実行する体制があり、またその具体的な実行内容が定まっているのであれば、再建は具体的な形で進むことになります。

　もちろん計画通り進まないこともあります。だからこそ PDCA サイクルを回していくことが重要なのです。再建プランを確定したら、後は実行あるのみです。

注意点

さて、再建を着実に実現させるためには、その他にも注意点があります。

●1人でやらない

当然ですが、再建は1人でできるような単純なものではありません。精神的にも経済的にも肉体的にも大変厳しい状態に置かれます。ゆえに、決して1人で臨んではいけません。社内であっても社外であっても必ずチームで挑むようにすべきでしょう。非常に厳しい状態の中で行うことだからこそ、助け合い、励まし合うチームプレーが効果的です。

●意思決定は迅速に

チームプレーといっても「船頭多くして船、山に登る」に陥ってはなりません。意思決定が遅いとあらゆることが後手に回って間に合わなくなりますので、経営者は強いリーダーシップを発揮して、意思決定のスピードを速めます。

社外チームの場合は、意思決定のルールをあらかじめ決めておいて進めます。意思決定を遅らせるものは、取りまとめる人の薄弱な意思です。人はまさに十人十色なので、声の大きい人は好き勝手なことをいうことがありますし、自分の利益やこだわりばかりを口にする人が現れるかもしれません。こういった意見をすべて汲み取っていては、物事は前に進まないばかりか、おかしな方向に進みかねません。

例えば、1回決まったことをひっくり返そうとする人もいますが、ひっくり返すのであれば、「決定」が何の意味も持たなくなりますので、「1度決めたらもう変えない」ことくらいは最低限のルールとして定めておく方が良いでしょう。

●リスクコミュニケーションの体制を持つ

一部の海域では風評被害が発生する恐れがあります。風評被害の防止には「**リスクコミュニケーション**」が必要です。リスクコミュニケーションとは、対象となっている食品のリスクを正確に分かりやすく伝えると同時に、

リスクコミュニケーション（りすくこみゅにけーしょん）：社会を取り巻くリスクに関する正確な情報を、行政、専門家、企業、市民などのステークホルダーである関係主体間で共有し、相互に意思疎通を図ること。合意形成の1つ。主に災害や環境問題、原子力施設に対する住民理解の醸成などの問題につき、安全の認識や協力関係が求められる場合に必要とされる。

その食品の質や価格、などの良さを説明することです。

●信頼を守る

　最後に、最も重要なのは「信頼を守る」ことです。商売は信頼関係で成立しています。ビジネスが高度になってきた現在であっても商売の基本は信頼です。信頼できるからその商品を注文するわけであり、信頼できなければ注文などはあり得ません。

　ゆえに、これまでひいきにしてくれた方々から「商品が手元に届くのを待っている」というメッセージがもらえるように、絶えずコミュニケーションをとって、信頼関係が途切れないようにしていく必要があります。信頼の失墜は、手を抜いたり、忙しさのあまり品質が下がったり、言い訳をしたり、顧客の視点を見失ったときに起こります。こんなときだからこそ、信頼という目に見えないインフラを大事にするべきなのです。

経営は再建できる

　どんなにダメージを受けていても、一から作り直すという視点で行えば、経営は再建可能です。なぜなら経営はそもそも何もなかったところから始まっているからです。皆さんが培ってきた経験こそが、再建の道を歩めることを既に証明しているのです。そして、しっかりとした手法を用いれば、再建はスムーズに行うことができます。ぜひ、前を見て歩んでいただきたいと思います。

II 経営再建のための具体策② 〜再建計画の立て方〜

経営再建計画

　本章（Ⅰ）にて、経営再建の全体的な流れと体制の組み方を解説しましたが、それを踏まえて「経営再建計画」の立て方について話を進めます。震災からの復興に限った話ではなく、広く経営に当てはまる内容ですので、事例を一般化してお話します。

●企業中期経営計画

　経営再建計画とは、具体的な経営改善を行うことで黒字化を実現する道筋を、数字で明確化したものであり、通常3〜5年で黒字経営の体質に変えていく計画です。

　企業の場合、一般的にこの3〜5年間の経営計画を立てます。これは「**企業中期経営計画**」と呼ばれ、「企業中計」などと略します。

●経営戦略を明確化

　企業中期経営計画を立てる第1の目的は、経営者の経営戦略を文章と数字に落とし込んで明確化するためです。

●達成期限を設ける

　第2の目的は達成期限を設けることです。期限があることで物事の優先順位が明確になり、経営資源の投入や配分を定められます。

●融資を受けるための資料とする

　第3の目的は金融機関対策です。何に使ってどのように返済するのかが分からなければ、金融機関としては融資はできません。大切なのはお金の使用目的と、具体的な実行計画、そして返済計画を明確化することです。そのためには、具体的な数字の伴う経営計画が必要なのです。

企業中期経営計画（きぎょうちゅうきけいえいけいかく）：事業計画の中でも、資金繰り、資本政策、価格決定、事業多角化、人員調整、システムなども含めたトータルなもので、一般的に3〜5年程度の期間の計画。経営戦略を数字で明確化し、達成期限を設け、進捗管理を行う。計画が適切であれば融資も受けやすく、有利な条件となる場合が多い。

経営診断

　経営診断の方法として、財務三表による数字の把握から、経営機能分析などを解説してきましたが、本章（Ⅰ）でも触れた通り、経営再建計画での最重要事項は現状把握です。自社の経営がどのような状況に置かれ、どうなっていくのかを経営者が数字で明確に把握しなければなりません。その把握方法が経営診断なのです。

●判断ミスをしていませんか？

　経営診断は経営者自身ができることが望ましいのですが、経営の再建が必要な経営体では、経営者があらゆる作業を1人で行っていることが多く、客観的に経営を分析する余裕がないことが多々あります。

　これまで多くの経営再建を手掛けてきた筆者の経験から、再建が必要な経営体では、①経営者がさまざまなしがらみにがんじがらめになっていて優先順位を決められない、②全く危機感がなく、常に夢のような根拠のない誇大な売上目標を持っている、③経営難が一過性のものだと思っている、④他人のせいにしてその誰かを排除すればすべての問題が解決すると思い込んでいる、など普通に考えれば陥らないような判断ミスを誘発する状況が多いように思います。

　経営戦略はじっくり考えて議論するところから生まれるものなのです。余裕が全くない状態で柔軟な思考ができなくなっているのではないでしょうか。

●まずは社員とともに自己診断

　従って、経営診断のファーストステップは経営者自らが社員とともに、自己診断するところから始めます。財務三表もできる限りリアルなものでその数字の意味を分析することが大切です。

●専門家（第三者）の分析を入れる

　セカンドステップは、第三者の視点として専門家の分析を入れることをおすすめします。普段からお世話になっている公認会計士や専門のコンサルタントに依頼するのが良いでしょう。筆者も会社を経営していますが、自身が経営再建を専門とするコンサルタントでありながら、必ず外部の公認会計士による第三者の分析を入れています。そうすることで経営を客観視できますし、自分のエラーをチェックすることができます。ぜひ第三者の視点を取り入れてください。経営者の思い込みや支配構造の中で発生した情報の偏り

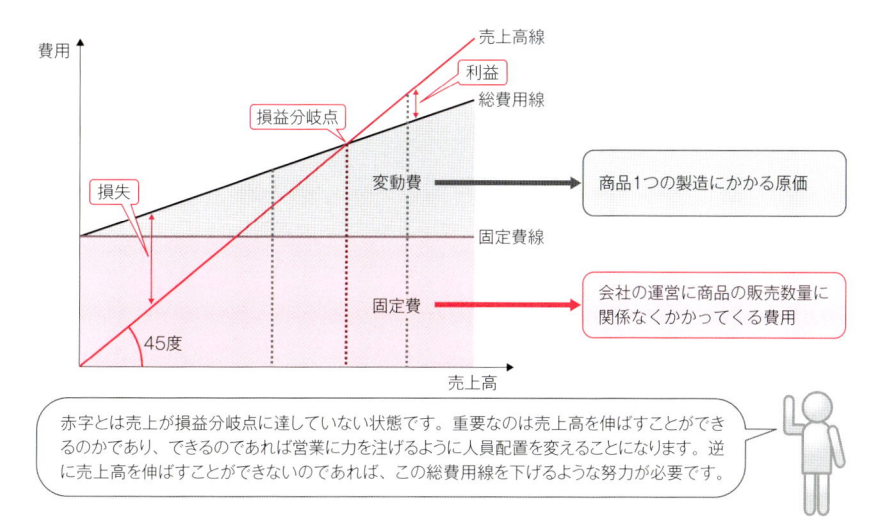

第 5 章　経営を再建してよみがえらせる

費用軸・売上高軸のグラフ。売上高線、総費用線、固定費線が描かれ、損益分岐点、利益、損失、変動費、固定費が示される。変動費は「商品1つの製造にかかる原価」、固定費は「会社の運営に商品の販売数量に関係なくかかってくる費用」。

> 赤字とは売上が損益分岐点に達していない状態です。重要なのは売上高を伸ばすことができるのかであり、できるのであれば営業に力を注げるように人員配置を変えることになります。逆に売上高を伸ばすことができないのであれば、この総費用線を下げるような努力が必要です。

図 5-7　赤字（損益分岐点に達しない）を乗り越えるには？

が、真に必要なことをぼやかしてしまうことがあるからです。

問題の発見

　再建計画の基本は問題の発見と修正です。どのような経営でも事業を行っている以上、必ず損益分岐点が存在します（**図 5-7**）。その損益分岐点に達しない時、経営は損失を計上し、赤字となります。損益分岐点に達しない理由には、生産性の問題、費用がかさむ構造、売上が伸びないような商品などが考えられます。もちろん問題の発見と修正の後には、健全な拡大戦略を持つべきですから、より発展的な戦略を考えることは重要です。
　しかし問題の発見と修正がないまま、拡大戦略ですべての問題を解決しようと考えて、突拍子もない「逆転満塁ホームラン」に経営のすべてをゆだね

なぜか赤字（なぜかあかじ）：企業の赤字を解消するためには、経営診断が第1に必要である。能力不足によって診断ができない場合には公認会計士など第三者に依頼すると良い。ただし、経営者や担当者により意図的に問題が隠ぺいされていることもあるため、解決のハードルが高くなっている場合がある。

るようなことは絶対にあってはなりません。それでは、金融機関を納得させることはできませんし、仮にできたとしても真に必要な情報を与えた結果ではなく、「夢」の範疇に金融機関の担当者も入ってしまっただけであって、その先に経営の改善という結果はもたらされません。

　問題の発見はこれまで何度もお話してきたように、経営診断の結果として明確になるものです。財務三表をしっかり読み込めば、大体の問題点は発見できますし、ヒアリングで補足しながら経営の中身が分かれば、問題の所在は分かってきます。しかし、いつまで経っても問題の所在が分からない、**なぜか赤字**になるというのであれば、それは診断能力がないのか、どこかで問題の所在が意図的に分からない状態にされてしまっているかのいずれかだといえるでしょう。前者の問題はプロの第三者を入れることで解決します。後者は正直に申し上げて難易度が高くなります。

問題の発見を妨げるもの

　実は問題の発見を妨げる最も大きな障壁に「問題の所在を隠したい」という人々の意思と行動があります。人間は誰しもが聖人君子ではなく、弱い心を持っています。従って、自分の立場が危うくなるような問題であれば、隠したいという心理構造ができ上がります。しかし、隠したいと思っていても、明らかにしたい人がいればやがて問題は明るみに出ます。より重症なのは、問題の所在が明らかでありながら、強引に「問題ではない」と、内部の意思を曲げてしまうことです。筆者がこれまで経験してきた再建事業でも、忘れることのできない苦難や失敗があります。それは、まさにこのような原因によって再建の機会すらなくなってしまったものです。

●**問題を認めない経営者**

　ある会社では、経営者が周囲の反対を押し切って新規事業を始め、結果としてそれが失敗して会社の資産を食いつぶし、モラル・ハザードがはびこっていました。そもそも誰の目から見ても失敗すると分かるような事業を、経営者の一存で始めてしまえるところに既に経営上の根本的な問題を抱えているのですが、この企業では経営戦略会議を開きながらも、結局はワンマン社長の一存だけですべてが決まるというものでした。そして、その経営者の周辺は、経営者にとって心地よい言葉を紡ぐお伽衆のような幹部で固められる

構造になっていました。問題の所在を明らかにして、構造を変えようと努力する人もいましたが、そういった人たちの意見はこういったときに機能不全に陥りやすい民主主義によって消し去られていました。

　経営は通常多数決の原理に則るので、ワンマン社長とそのお伽衆が経営の大半を占めていたら、その時点で経営の改善は容易ではありません。なぜならワンマン社長の多くは自分の失敗を明確にして、その問題を修正しようという意思を持たない場合が多く（論理的に修正する意思があるならばワンマンではない）、お伽衆の皆さんにはワンマン社長に面と向かって問題点を指摘するような意思はなく（心地良い言葉を社長に与えることで立場が守られるので）、そういった問題点を指摘する人は彼らにとっては敵であり味方ではないということになります。

　こういった会社は、経営状態がいかに悪かろうと、経営者も役員も組成が変わらないという特徴があります。経営状況の悪化とは経営能力の不足を指すため、経営者をより優秀な経営能力がある人に変えることが一番根本的な「問題の発見と修正」のはずですが、それがないということは、その会社には改善の意思がないという論理になります。辛いのは社員ですが、改善の意思のある人ほど隅に追いやられ、退社を余儀なくされてしまいます。

　会社自身が問題の発見を望まない場合は、問題が発見できてもそれを問題と認識されないまま終わるということになるので、再建計画を作ることができません。もしできたとしても、それは真実を示していません。

●社員の隠ぺい

　これに対して、単に一部の人間が問題を隠そうとしているケースに関しては、財務三表と実際の売買記録、預貯金残高を照らし合わせることで明らかにすることは可能です。経営を改善したいという意思があればすぐに確認作業を行いましょう。数字は嘘をつくことができないからです。

　また、あってはならないことですが、財務三表が"嘘"であることもあります。これは「会計操作」が行われているケースです。経営がより健全であるよう示すために、財務三表の項目の振り分けなどに（合法的な範囲内で）

会計操作（かいけいそうさ）：主に損益計算書にて、合法的な範囲内で、意図的に収益を過大に計上し、費用を低く見積もって損益計算書上の利益を過大にあるように見せること。一方、粉飾決算とはその利益操作が法律上認められない違法のものを指す。損益計算書は現金のやりとりがなくても収益、費用が発生したと判断されるときに計上するので利益操作がしやすい。

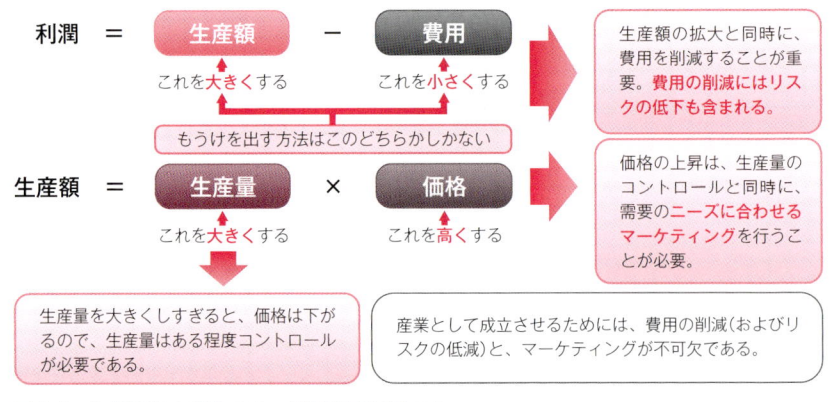

```
利潤  =  生産額  －  費用
          これを大きくする   これを小さくする
```

生産額の拡大と同時に、費用を削減することが重要。費用の削減にはリスクの低下も含まれる。

もうけを出す方法はこのどちらかしかない

```
生産額  =  生産量  ×  価格
          これを大きくする   これを高くする
```

価格の上昇は、生産量のコントロールと同時に、需要のニーズに合わせるマーケティングを行うことが必要。

生産量を大きくしすぎると、価格は下がるので、生産量はある程度コントロールが必要である。

産業として成立させるためには、費用の削減（およびリスクの低減）と、マーケティングが不可欠である。

図 5-8　生産額を上げるのか、費用を下げるのか

手を入れることです。ただ、この場合でも預貯金残高と売買記録があれば、数字の帳尻は合ってくるので、結果として問題の所在は明らかにすることが可能です。

再建の戦略づくり

　経営診断によって問題を発見することができれば、修正の計画を立てます。ここで重要なのは修正する際の方向性、つまり戦略が必要だということです。労働生産性が低いことが分かったのであれば、人事制度を変えたり、優秀な若手を抜擢したり、過剰な労働を合理化（いわゆるリストラ）したりすることが求められます。あるいは売上増大のために販売活性化に重点を置くこともあります。

　戦略とはこれらのどこに力点を置くかを決めることでもあります。次に、儲けを出すための戦略について考えてみましょう（**図 5-8**）。

●コスト削減は有利か？

　費用削減に重点を置けば、小規模で堅実な経営を実現できる（できなければならない）のですが、シェアを失い競争力を失うことがあります。コスト削減は競争力を持つ戦略なので、上手に打って出ることと合わせれば、拡大に転じることは可能です。しかし、単に「無駄を省く」ことしか念頭にな

く、ひたすらに人員整理だけを行うと、会社の機能そのものが失われることもあるので要注意です。

一方で売上をひたすら伸ばす戦略なら、その根拠が必要です。「市場に十分なキャパシティがある」のか、「そもそもその売上を実現する能力が会社にある」のかという部分が茫洋としたまま、ただ売上の拡大といっても絵に描いた餅になることが多く、費用がかさんでますます赤字の色が濃くなってしまいますので要注意です。

要するに、市場に十分なチャンスがあるにもかかわらず、それにうまく対応できていないことが売上低迷の理由であるのならば、営業力の強化や商品の魅力が伝わるPR方法の導入が重要になります。また、市場がタイトであるならば、内部の合理化を進める方が戦略的に有利であるということになります。

戦略の取り方によって結果は変わりますので、戦略の選択や組み合わせでどのように経営が変化するかを第4章（II）のFS（フィージビリティ・スタディ）による数字で比較することが必要でしょう。これも第三者の視点があった方が安全であり、偏ることもないと思われます。このようにして再建の計画を議論しながら作っていきます。

経営再建計画の内容

●問題点に注意して改善方法を明記する

戦略が定まれば、後は項目ごとに「何を・いつまでに・どの程度」実現するのかを時系列にして明記する作業を行います（図5-9）。

経営再建計画で問題になる点は2点あります。1つは「やった方が良い」と分かっていても計画そのものが実行されないことです。**実行力**を持たせるためには、①期限と程度を定める、②実行の担当者と責任者を分ける、③その成否がその人たちの給与（評価）に関わることを明確にする、ことが必要です。つまり組織として、失敗の言い訳を設けないということです。

実行力（じっこうりょく）：できた計画を確実に実行するには2つの方法がある。1つは、期限と程度の決定、実行の担当者と責任者を分ける、その計画の結果による担当者の報酬（評価）を明確化する、こと。もう1つは、問題点を図にして、根本的な原因を洗い出し、優先順位をつけて、解決に取り組むこと。

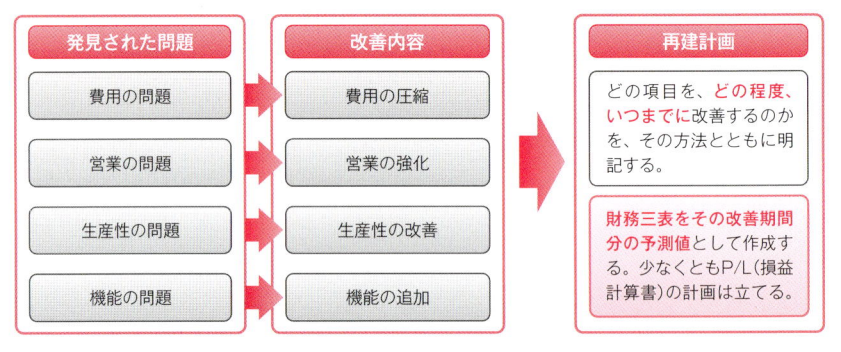

図 5-9　経営再建計画の立て方と流れ

　もう1つは取り組んだ改善が全体にあまり効果を及ぼさない場合です。この場合は戦略の見直しとともに、問題同士の因果関係を整理し、図に落とし込んで、最も根本となる問題の修正に力点を置くように、改善のウエイトを変えることで回避できます。

●**改善期間の財務三表の予測値**

　次に重要なのは、費用、生産性、売上、機能などの項目の改善が予定通りに進んだ場合、<u>財務三表の予測値</u>を算出しておくことです。その予測値と実績値がどの程度ずれているのか、PDCAサイクルを回せるようにしておくことです。当然ですが数字は眉唾では役に立ちませんので、できる限り厳しい視点で作成してください。

　このように経営再建計画とは、①再建の戦略→②項目別実行内容の記載→③実行の期限・程度・担当（責任者）の明記→④改善される場合のFS（財務三表予測）で構成され、計画が実行力を持つように、PDCAの体制を構築しておくことが必須です。

ネガティブではなくポジティブに

　最後に重要な部分は、経営改善をポジティブに考えるということです。ネガティブであれば「がんばっても報われない」という気持ちになってしまいます。そうではなく「がんばったら良くなって、自分も周りも潤う」ことが約束された、改善の結果を出した人たちがその恩恵を享受できるポジティブ

な環境作りが必要となります。

　自分の職場を一生懸命守るという気持ちも大切ですが、その改善の結果、もとの問題を起こしてきた人たちの懐が潤うだけなら、努力の意味がありません。改善を果たすために尽力した担当者が最大限評価されるよう設計しておくことが重要です。具体的には2階級特進や、場合によっては部署を任せる、または経営者の一員に加えるなどです。

　このように、ネガティブな状況の中でポジティブに物事を考えることは、経営の改善に不可欠なことであると同時に、行動の大切な根拠になります。改善に取り組む人に最大の支援と成果が必ず約束されないといけません。そして、約束することが経営者の役割になるでしょう。改善には、経営の夢や事業の尊さを語り、旗を振って会社を動かすリーダーが何にもまして必要なのです。

財務三表の予測値（ざいむさんひょうのよそくち）：計画が成功した際の財務上の予測の値。計画を進める中で結果である実測値と予測値を照らし合わせることで、計画と結果の差がはっきりとする。計画よりも遅れが見られた場合には、その計画に近づけられるように、PDCAサイクルを見直し、改善できるようにする。

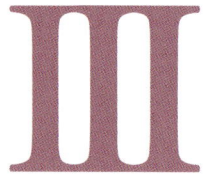

III 経営再建のための具体策③
～お金の借り方～

銀行からの融資は不可欠

　事業を起こす際、当然ながら十分な自己資金を持っているケースはほとんどなく、通常は銀行から「長期の設備資金」と「短期の運転資金」を借りることになります（図5-10）。

　しかし例外的に、漁協が自営で行う事業の場合は、漁協は出資金が通常の企業経営に当たる株式と同等の意味合いになると同時に、しかも小規模の会社経営と比較して大きいため、金融機関からの借り入れをしなくても事業を行うことが可能なことがあります。ただ、このような例はかなり特殊であり、通常は金融機関から何らかの融資を受けて事業を始めることになるでしょう。

　第2章（III）で貸借対照表の項でも触れましたが、事業を行う基本となる「資産」とは、自己資金である「株式」および「利益・株式剰余金」、他人資本である「借入金」によって構成されています（図5-11）。

　過去の事業で潤沢に利益を挙げて会社にその利益を残している場合は、それが剰余金となり、経営がかなり楽になるのですが、なかなか実現するのは難しいといえます。

　なぜなら、ある程度の儲けがあれば法人税が高額になってしまうからです。また社員には賞与として、役員には報酬として利益を分配しなければならないので、剰余金が資産の大部分を占める状況を作るのは容易ではありません。

　一方、資本もなかなか大きくしにくいものです。通常、経営は、出資金を募って株式にして始めますが、株式とは経営の所有権であるため、誰にでも「お金を出してください」といえません。

　そうなると、相当な資産家でもない限り、事業を始める際には「借金をする」という方法しかなく、そのために世の中には銀行という機能があるのだと理解しても良いでしょう。

第5章　経営を再建してよみがえらせる

長期の設備資金
事業を行う上で必要なインフラを購入するために必要な資金。機械や設備はこの資金がいる。固定資産になる。

インフラ・固定資産になるもの

短期の運転資金
1年間の事業を行う上で必要な資金で、従業員給与や経費がこれに当たる。

従業員給与や経費

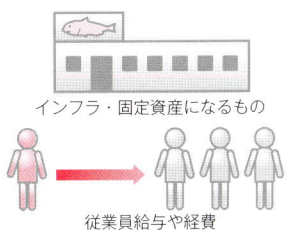

図 5-10　融資の種類

貸借対照表では

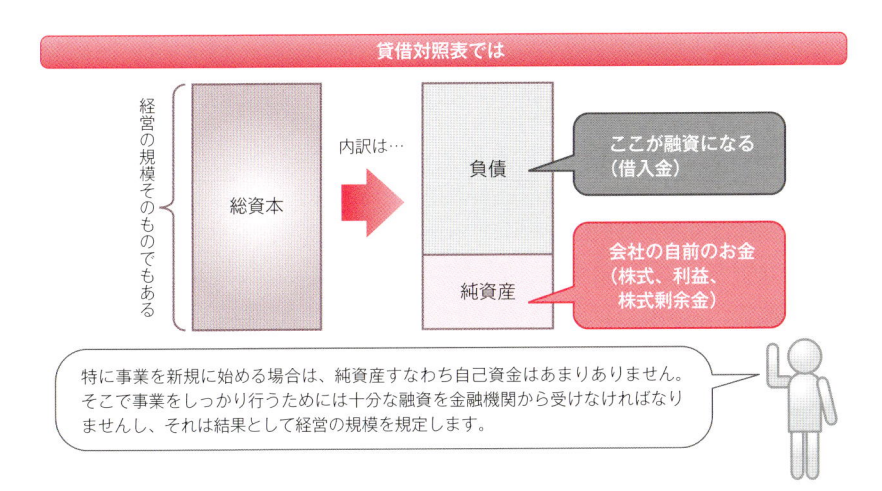

経営の規模そのものでもある

総資本　内訳は…　負債　ここが融資になる（借入金）

純資産　会社の自前のお金（株式、利益、株式剰余金）

特に事業を新規に始める場合は、純資産すなわち自己資金はあまりありません。そこで事業をしっかり行うためには十分な融資を金融機関から受けなければなりませんし、それは結果として経営の規模を規定します。

図 5-11　貸借対照表の中の融資の位置付け

借りたお金は返さないといけない

　さて、事業を行うにはお金を借りないといけませんが、「借りる」ということは「返さないといけない」ことを意味します。また、借金には利息（金利）が発生します。つまり、返済するためには、金利を含めた借りたお金以

融資（ゆうし）：銀行などの金融機関が、利息（金利）を得る目的で、会社、個人などの資金需要者に金銭を貸し出すこと。ローン、借金とも呼ぶ。貸し手側から見ると債権（資産）、借り手側から見ると債務（負債）となる。また、貸し手側を債権者、借り手側を債務者という。貸し手の論理を理解すると融資を受けやすくなる場合が多い。

```
┌─────────────────┐  ┌─────────────────┐      ┌─────────────────┐
│ 通常の場合、1年分の給料 │  │ 金利分を純利で稼がないと │      │ 通常の場合、経営者(役員) │
│ は融資がないと払えない  │  │ いけない        │      │ は保証人になる     │
└─────────────────┘  └─────────────────┘      └─────────────────┘
```

事業のリスクを最小化する計画がいる

> 企業にとっても銀行にとってもリスクを下げられるように、しっかりと計画を練り、そして最適な手を打たないといけません。お金を借りないと事業をすることはできませんが、事業に失敗すると経営者はその負債を背負います。それを理解していないと経営をすることは難しいでしょう。

図 5-12　お金を借りるということ

上の利益を上げることが必要なのです。

　基本的に借りたお金は、長期の資金の場合は固定資産に変わり、短期の運転資金は従業員の給与や期内に必要な経費（養殖業の場合：エサ代、種苗代、光熱費、賃貸料）になりますので、結局のところ使い尽くされてしまいます。

　逆に正しく融資を受けていない場合には、従業員に1年間タダ働きをしてもらって、年度の最後に精算払いということ以外に事業を回す方法がなくなってしまいます。しかしながら、これは法的に認められるものではありません。

　事業とは、お金を使ってそれ以上の売上を上げて、利益を上げる一連の行為です。そして当たり前ですが、赤字になるとお金を返すことができなくなります。ゆえに必ず金利分を含めて売上が費用を上回らなければならないのです。

　このように考えると、お金を借りる時点で、1年先の未来がほぼ確実に見えていなければならないことが分かると思います。ここからも本書で何度も紹介している「戦略」の重要性が見えてきます（**図 5-12**）。

なぜお金を貸してくれるのか　～金利と費用の関係～

　では、事業を行うため融資を受けることを想定して、話を進めていきま

第5章　経営を再建してよみがえらせる

しょう。

　既に会社を経営している場合は、取引銀行に融資をお願いすることになりますが、新たに事業を始めようと思っている場合には、銀行との関係性を構築するところからのスタートになります。

　しかし、関係性の構築よりも前に理解しておかなければならないことがあります。それは銀行を含めた金融業というビジネスの収益モデルについてです。

　まずは農林水産業の融資の特徴について復習しましょう。農林水産業は一般の製造業と比較して収益の変動リスクが大きいので、銀行からの融資よりも系統金融（漁協信用事業、信漁連など）からの借り入れが多くなります。これら系統金融は政府からの支援があるので、銀行から融資を受けるよりは若干条件が緩和されていることもあります。しかし多くの場合、適用条件が細かく決められており、誰もがその融資を受けられるというわけではありません。

　いずれにせよ重要なのは、「金融機関の立場になって考える」という心構えです。そして、これは金融業の収益モデルを理解する上でも不可欠なことです。金融機関の担当者と話をして融資契約を結ぶことになりますが、「金融機関がなぜお金を貸してくれるのか」について理解していれば、戦略が立てやすくなりますし、同時に経営者自身も自社の経営計画を練ることができます。

　なぜお金を貸してくれるのでしょうか？　それは銀行の商売が金利によって収益を上げるビジネスだからです。当たり前のことなのですが、もう一度頭と体に叩き込んでおきましょう。

　銀行にとって、元手となるお金を貸すことは貸倒リスクを銀行が背負うことと同義です。しかし、銀行のビジネスモデルは「リスクを背負わないと成立しない」ものなので、銀行としては経営的な判断として、できる限りそのリスクを下げることを考えます。

　リスクとは「損失の大きさにその確率をかけたもの」であり、専門用語で

金融業（きんゆうぎょう）：銀行・証券会社・保険会社・投資銀行・リース会社・信販会社・貸金業者などがあり、これらを総称として金融機関と呼ぶ。

貸倒リスク（かしだおれりすく）：信用リスクとも呼ばれ、与信取引において、債務者の経営状態や財務状態の悪化によって、債権が回収不能に陥るリスクのことをいう。

```
リスクとは…
リスク ＝ 損失の大きさ × 発生確率
     ＝ 損失の統計的期待値
```

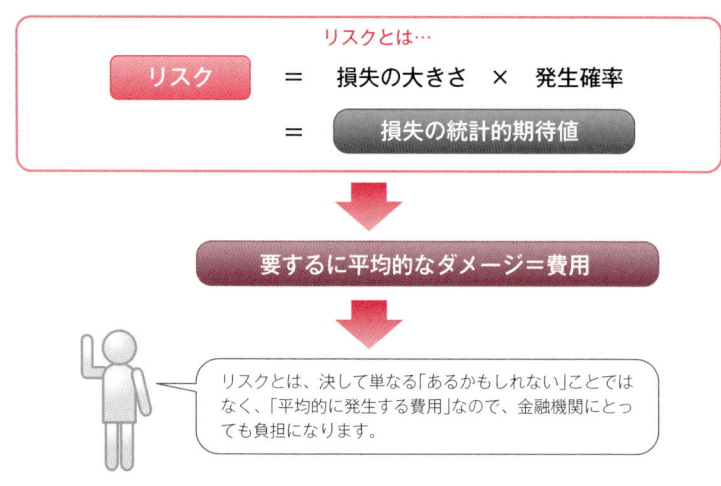

要するに平均的なダメージ＝費用

リスクとは、決して単なる「あるかもしれない」ことではなく、「平均的に発生する費用」なので、金融機関にとっても負担になります。

図5-13　リスクとは平均的な費用である

は「損失の統計的期待値」と呼ばれるものです。少しややこしい用語ですが噛み砕いて説明すると「平均的に発生する損失」を意味し、つまりは「費用」であることが分かります（図5-13）。従って、銀行にとってリスクとは費用そのものなのです。そのリスクに銀行の事業の経費を加えたものが合計した費用になり、これが「金利」となるのです。

貸す側にとって何がリスクか

では、銀行にとって何がリスクなのかを考えてみましょう。それは大きくいえば「貸倒リスク」ですが、この貸倒リスクの中身を分解していくと銀行の考え方が分かります。貸倒に至る最大の原因は、企業の業績の悪化や倒産です。倒産を迎えれば元手は返ってきません。利子は費用なのでこれも回収できなければ損をします。そのため、銀行はそういった事態が起きないように、融資する企業の経営が健全であることを望みます。一昔前にはこのような基本原則通りではないこともありましたが、現在のように金融に関して行政の厳しい監査が入るようになってくるとそうはいきません。銀行にとって最も望ましい融資先は「たくさん借りて、きちんと返済」を「継続できる」

企業ということになります。一言でいうと「経営が健全で、利益を上げられる状態であり続ける」ことになります。結局、銀行にとっても、融資を受ける側の企業経営者にとっても目指す目標は同じです。同様に、貸す側のリスクと借りる側のリスクも同じものとなります。

きちんと借りるためにリスクを下げる

お金を借りる側が経営上のリスクを下げることは、貸す側のリスクも低減させ、かつ貸す側の「費用」を下げるとなると、融資成立のためには、借りる側の事業のリスクを許容できるレベルにしておくことが重要になります。そしてそのリスクが小さければ小さいほど、融資は受けやすくなりますし、金利は下がるということを理解しておいてください。逆に事業計画がずさんで、銀行が是非を判断できないような内容であれば、融資は受けられませんし、リスクが高いものであればそれだけ金利も高くなります。

練られた事業計画が必要

では、具体的に融資の際にどのようにしてリスクを下げるのかについて見ていきましょう。

リスクを下げる方法として、経営者の努力によって可能なものの中でも極めて重要なものが「事業計画を練る」ことです。事業計画とは、本書で紹介してきたように、綿密な調査と分析によって作られるものであり、また明確な戦略によって導かれるものです。戦略がよく練られていて、その戦術と実行内容が目的を達成するために確かなものであるなら、それを落とし込んだ事業計画のリスクは、いい加減に作られた計画よりはるかに小さくなります。

もちろん事業計画通りにいかないのが経営ですが、事業計画があればそれを中心にして足したり引いたりが可能になり、事業を成功に導きやすくなります。つまり、お金を借りるためには事業の明確な根拠が必要だということ

損失の統計的期待値（そんしつのとうけいてきたいち）：リスクを正確に捉えるための概念。リスクを「発生するかどうか分からないもの」ではなく、「必ず発生するもの」として捉え、平均的に発生する損失（費用）として、考えることを意味する。計算式は、損失の大きさ×発生確率となる。

です。その根拠が事業計画なのです。

事業計画の中でも重視されるのは、①どのような市場があるのか、②その市場の中でお客さんを確保できる根拠があるのか、③その市場の規模は経営に対して十分に大きいものなのか、の３つです。どれほど精巧に作られた商品であっても、需要がなければ商売は成立しません。ゆえに、市場の存在は極めて重要になります。

もちろん、この考えには異論があろうかと思います。なぜなら、市場とは顕在化しているもの以外に、まだ眠っているものがあり、潜在的なものを掘り起こすから市場の先行者となり得るという事実があるからです。しかし、そこにはさらなるリスクが存在し、そのリスクの大きさに応じて融資が受けにくくなり、また金利も上がるという事実は知っておかなければなりません。新規事業でかなり潜在的な市場を狙おうとするなら、相当な根拠を持つ必要がありますし、得た利益の相当量を融資元の金融機関とシェアしなければならないことを認識しておきましょう。

このような事実を理解した上で「ならば自前でやろう」と、無謀で無計画な投資を利益剰余金や資本金で行おうとする経営者もいます。また、銀行に対する契約違反なのですが、融資されたお金を目的外に使ってしまっているケースすらあります。

ここでよく自覚してほしいのは、銀行も融資しないような事業に会社の虎の子である自己資本を使い込むことは、経営を極めて高いリスクにさらす行為だということです。

筆者が取り組んできた経営再建の経験の中でも、無謀で無計画な投資を事業として進めて失敗し、会社を疲弊させてしまったケースを多々見てきました。それらの共通点は、計画そのものが根拠のない思い込みであったり、経営者の独りよがりで進めてしまったことなどです。本書で何度も触れていますが、銀行の担当者に夢を見せてだましても、そのしっぺ返しは必ず後で受けることになります。ゆえに、金融機関の担当者や審査部門が合理的に判断できる事業計画でなければならないのです。

実績の積み重ねが大事

そしてもう１つ、貸す側のリスクを下げるのが「実績」です。この実績に

第5章　経営を再建してよみがえらせる

返済の実績	事業の実績
お金をその銀行から借りて返済した実績。銀行にとっては最も重要になる。つまり、この会社は「貸したお金をきちんと返すことができる」と判断するものさしとなる。	始めようとする事業を過去に成功させた実績。メンバーか経営者がこの実績を持っていることは、その事業を実施する際の融資に不可欠である。企業1年目はこれしかないので、証拠書類を十分にそろえておかないといけない。

どちらか一方は必ず必要

基本的に、銀行にとって「リスクが小さい」ということを示す根拠が必要であると考えれば、どのような実績が必要なのかは分かりやすいでしょう。例えば、養殖業を始めるのに、養殖業をやった経験が社員の中になければ、極めてリスクが高いと判断されるのは当然なのです。

図 5-14　融資には実績が必要

は2つのパターンがあります（図 5-14）。

　1つ目は「お金を借りて返した」という実績です。実績がない初年度は融資は受けにくく、条件も厳しくなります。しかしそれはどのような経営体であっても不可避の道でしょう。そのため、日本政策金融公庫の無担保融資など中小企業を支援するものがあるのです。ただし、この無担保融資は金利が低いわけではないことを念頭に置いていてほしいと思います。

　滞りなく、銀行から借りて返すことができれば、それは銀行にとって「きちんと返してくれる」実績になり、お金を貸しやすくなりますので、後はスムーズに取引ができるようになっていきます。

　2つ目が「当該事業に取り組み、成功させた」という実績であり、特に審査の際の重要なポイントになります。例えば、新規に養殖事業を行う会社を作ったとします。会社としての実績はないので、重要になるのは「経営者や従業員の実績」となります。他社で同様の事業に従事してきた実績のあるメンバーを集めてきたのであれば「当該事業をやって成功させた実績」はメンバーにはあることになります。特にこの中で重要なのは経営者であることはいうまでもありません。

　これは逆に経営にとっても当然で、未経験者に運営を任せるのは高いリス

日本政策金融公庫（にほんせいさくきんゆうこうこ）：株式会社日本政策金融公庫法に基づいて2008年10月1日付で設立された財務省所管の特殊会社。農林水産事業など民間の金融機関が融資を行うことが困難な分野に対し、財政投融資制度を用いて、民間の金融機関では困難な融資を行っている。日本政策投資銀行とは全く別個の法人。

クを伴います。経験がなければ、問題が発見できませんし、ましてやその解決策など分かるはずがありません。困難な問題が発生すれば高い確率で事業は暗礁に乗り上げてしまうでしょう。

このように実績は個人ベースでも重要であり、融資を受ける際にはこのような情報も融資先に伝えるべき内容なのです。それによって融資の条件が有利な内容に変化することもあるからです。

事業をするという覚悟

さらに、お金を借りる時に必要なことがあります。それは「担保」や「保証人」です。新規で事業を始める企業にとって、最初から固定資産がある場合は少ないので、貸す側は担保を取ることは難しいでしょう。その場合は通常、経営者が融資の保証人になります。

株式会社の場合、経営者である取締役は、会社が倒産する事態になった場合、年収の3倍まで会社の債務を背負う義務を有しています。1,000万円の役員報酬をもらっていたら3,000万円です。これが会社法にいう有限責任というものになります（社外役員の場合は若干ゆるくなります）。また、保証人はその枠を越えて責任を負います。

いずれにせよ、会社が倒産すれば、その債務は債権者に即金で払わなければなりませんので、個人で持ち得る資産のほとんどは差し押さえられるでしょう。こうなると多くの場合で自己破産に至り、家族にもその人生を左右するほどの負担を強いることになるのです。

経営者はこれらを知り抜いて、家族も含めてリスクにさらしつつ、事業という世の中を支える活動を行っています。だからこそ、経営者は従業員よりそのリスク分の給与（報酬）は多くなければ合理的ではないということになります。言い換えれば、事業にはそれだけの「覚悟」が必要であり、それだけ尊いことでもあるのです。

実際にどうやって話をしていくか

経営者が「覚悟を持って経営を行っている」と認識できているのであれば、いい加減な事業計画ではなく、必死に考え抜いた魂の入った事業計画が

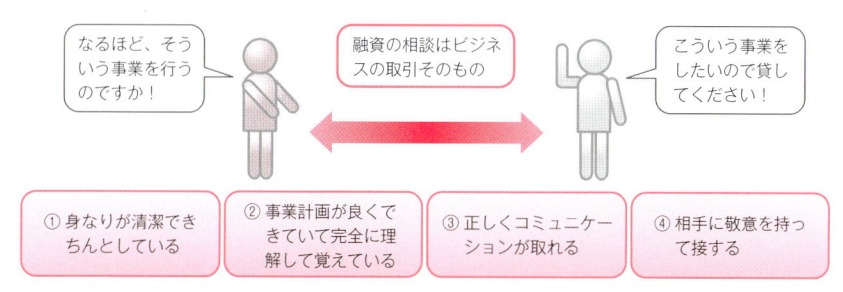

第 5 章　経営を再建してよみがえらせる

図 5-15　融資の相談に行くときのポイント

でき上がってくるでしょう。

　そして、いざお金を借りに行くとなれば、事業計画とそれを裏付ける根拠を持って、金融機関の担当者に相談することになります。その際、細かいことですが不可欠な要素があります。それはまず「人となりを信用してもらう」ということです。いかに事業計画が優れていても、そもそもその相談に赴いたあなたという人が信頼できなければ、契約は成立できません。

　金融機関の担当者の信用を得るために必要なポイントについて、以下にまとめました。これらは、特に銀行を対象とする際、筆者自身も注意していることです（**図 5-15**）。

①身なりが清潔できちんとしていること

　当たり前ですが、相手に敬意を持って接する場である以上、それ相応の身なりでなければなりません。ビジネスマナーに従った身なり（折目がしっかりした紺色のスーツなど）で臨むべきです。

②事業計画が良くできていて完全に理解して覚えていること

　事業計画について担当者からいろいろ聞かれます。先に述べたように事業計画は完成度の高いものでないといけません。しかし、それらの質問にまともに答えられなければ、経営者が事業を理解していないということになってしまい、とてもではないですが融資の対象とはなり得ません。

担保、保証人（たんぽ、ほしょうにん）：金融機関は債務不履行に備えてその経済的価値を確保するために担保や保証人を求める。担保は、不動産、預金、有価証券などが該当する。不動産は担保価値（時価の 7～8 割）で掲載され、金融機関はそれに基づき貸し付けの融資上限を設定する。保証人は、主たる債権者が債務を履行しない場合にその履行の責務を負う。

③正しくコミュニケーションが取れること

　ビジネスの契約であるということで考えれば容易ですが「一方的に話をして相手の話を聞かない」とか、「質問に対して全くずれた答えをする」など、コミュニケーションに問題があれば契約を成立できません。ゆえに十分にコミュニケーションが取れる人が、銀行での相談に赴く必要があります。

④相手に敬意を持って接すること

　当然のことですが、尊大な態度でお金を借りようとしても融資契約を結ぶことは不可能でしょう。ビジネスである以上貸し手も借り手も対等な関係ですが、だからこそ相手に敬意を持って接しなければならず、ゆえに相手も敬意を持って接してくれることになります。そこで初めてビジネスの話に入ることができます。

⑤夢があること

　夢だけでは食べていけませんが、事業に夢は不可欠です。「楽しい」、「わくわくする」、「参加したい」、「支えたい」と感じてもらうには夢がなければなりませんし、銀行の担当者も「やってよかった」と思えるものでないと動かないでしょう。綿密な事業計画を持って、そこには十分に夢が敷き詰められているということが大切です。

　お金を借りるということはとても大変な責任を背負うことです。しかしその融資によって事業に命が吹き込まれ、経営が生まれるのです。その意味ではこの一連のプロセスは経営上極めて重要な位置にあるといえるでしょう。

第6章

経営技術で会社は健全になる

I 儲かる経営は必ずできる

儲からないのには必ず理由がある

　さて、本書は水産現場で役に立つ経営技術に特化して、できる限り筆者の体験や現実にある事例をもとに話をしてきました。「経営学」と名の付く教科書の多くはやや理解に時間のかかりそうな概念が多く、また経営の回復やビジネスの拡大を支援するようなテキストの多くは、技術を体系化していないこともあり、「今ある問題を解決して前に進まないといけない」水産業の経営にはそぐわないものが多いような気がします。本書の元となった月刊「養殖」に掲載された連載はこうした課題を解決することを目的にしており、本書はそれをさらに「技術の体系化」という軸でまとめたものです。

　経営者にとって、儲からない状態は大きなストレスであり、人生を左右する重い内容です。このような状況下で必要なことは、「自らが何をどうすれば改善できるのか」を承知していることだと私は思います。

　例えば風邪をひいて病院に行ったときに、「風邪をひかない健康な体を作りなさい」とか「食生活が乱れているからだ」とか「ストレスのせいですね」などといわれても何も解決しません。まず「どういう状態にあるのか」、「どうすれば早く治るのか」が重要であり、具体的には「炎症を抑えるためにこういう薬を出しますので飲んでください」とか「体を温めて、よく睡眠をとって栄養のあるものを食べてください」など具体的なことをいってもらわないと、やるべきことが分かりません。やるべきことをやるから、体調は早く回復するのです。

　これと同じことで、儲からない状態を改善するためには、具体的に何をすれば良いのかを理解することが大事なのです。

　儲からない状態は、基本的に何らかの機能不全を起こしている状態です。その機能を健全なものにするためには経営技術が必要です。そういう視点でいうと、必要なのは経営者の天恵の才能のようなものではなく、機能を健全に動かす「技術」です。つまり、それを会得しさえすれば問題の解決につな

がります。

　儲からないことには必ず理由があります。「売上が伸びない」、「商品単価が低い」、「計画と比べて費用が高い」、「事故が発生した」など、現実にはさまざまなことが起こりますが、こういった変化する経営の内部・外部の条件に対して、臨機応変に対応することこそが「機能」であり、それを可能にするのが「技術」です。そう考えると、儲からない理由の多くは、経営技術のどこかに不足があるのだと思っていただいた方が、問題の解決と経営状態の回復は早まると思います。なぜなら技術とはしっかり学び取れば、多くの人が使える武器だからです。

経営は技術に依存する

　多くの場合、経営能力は経験と勘の賜物であるかのようないわれ方をしますが、実際には暗黙知を中心にした「技術」に依存しています。それは経営の機能を発揮する礎が技術だからです。自身の経営を振り返ってみて、既にどんな技術があって何が足りないかを考えてみれば、効率的に経営技術を体得することができるでしょう。

　経営は自動車の運転と同様に技術によってコントロールが可能なものです。逆にいえば、先の読めない経営であっても努力次第で、意のままにすることが可能だということです。そして、経営者がそれに気付くことができたとき、経営再建も自ずと実るでしょう。

自分だけで解決しようとしてはいけない

　しかし、注意しなければならないことは、経営に関する機能は経営者１人によって構成されているものではないことを知り、必ず体制を作って対応しなければならないということです。ゆえに、経営技術もこの体制（チーム）に持たせていく必要があります。経営改善を１人だけで行うのではなく、

経営学（けいえいがく）：広義には組織体の運営について研究する学問分野。対象は企業組織とする場合が多いが、企業組織に限定せずあらゆる組織体（自治体・NPOなど）が対象。
暗黙値（あんもくち）：言葉にして表現できない知識や技術。経営も技術により行われているが、経験と勘によるものだと勘違いされることが多い。

チームで行う姿勢を持ってください。

　繰り返しますが、会社経営は1人でするものではありません。同様に、経営の改善も1人ですることではありませんし、できることでもありません。自分だけで解決しようとすると、周辺から孤立し、動かない組織の中でやがて疲弊していくことになるでしょう。

　だからこそ、会社の経営を回復させたいという思いを共有する仲間を集めて、役割分担して対応していけるようにすることが、問題解決の最初のステップになります。具体的な手順については第5章（Ⅰ）で紹介しましたが、再度述べておきたいことは「1人でやらない」ということです。

確かな根拠と明確な方向性

　そして、経営を改善していく中で重要なことは「方向性」です。どこへ向かうのか明確な方向が示されていなければ、内部はばらばらの方向に進みますし、また好き勝手な評論家のような活動を行う人間すら出てきます。こういった状態を起こさないためには、経営の方向性を明確にしておくことが何より重要になってきます。

　経営の方向性とはすなわち「戦略」のことです。回復のための戦略であり、反撃に転じるための戦略です。しかしこの戦略には第4章（Ⅱ）で紹介したように、確かな根拠が必要です。なぜその手段を選ぶのか、なぜその部分を重視するのか、その根拠は必ず求められます。それが堅実であり、結果として明確な方向性が示され、それを実現する技術が固まれば、経営回復の体制は半ばできたようなものなのです。

あってほしいと望まれること

　ここまで解説してきたことは「経営内部」の話です。しかし会社という組織は「自らが存在したいから自由に存在する」というものではなく、あくまで「社会に必要とされて初めて存在できる」ものです。

　つまり「需要があるから市場が作られる」という原則をよく念頭に置き、社会に必要とされる自分たちの姿とはどのようなものであるかをよく検討することが重要です。その会社が社会にとって「存在してほしい」と望まれる

ものであるならば、周囲が経営改善の協力をしてくれるでしょう。それは周囲の人たちにとっても「協力すれば自分が必要なものを得られる」というインセンティブ構造を持つからです。

　このように、企業は常に社会にとって必要とされる存在を目指さなければなりませんし、商品が消費者にとって重要なものでなければなりません。そして企業自身も社会に愛される存在でなければならないのです。

問題解決（もんだいかいけつ）：組織などにおける問題を解決するためにはさまざまな手法がある。KJ法、SWOT分析、ブレインストーミングなどの具体的な方法はあるが、最も基本的で重要なポイントはチームを編成することである。思いを共有する仲間を集めて、役割分担できる体制を構築しなければならない。

II 強いリーダーシップが不可欠

大切なのは強い体制

　経営を再建させていくには、それを実現する体制が必要となるのは当然ですが、弱々しい体制では周りを率いることができません。経営を再建するということは「変化」を進めるということです。

　日本人は一度波に乗ると皆同じ波に乗っていく傾向があり、流れを作りそれを動かすことに注力すれば強い力を発揮するといわれています。一方で、変わることを極度に恐れます。「人と違うこと」、「今までと違うこと」、「何かと違うこと」をするには未知のリスクが伴うと、主観的に感じるからでしょう。

　しかし経営が悪化した状態にあるのなら、「変わらないことが**最大のリスク**」です。なぜなら、このまま続けていれば確実に待っているのは倒産だからです。変えないという選択は倒産により近づくことを意味します。

　ゆえに、重要なのは変化を当然とする流れを作ることです。そのためには、強いリーダーシップが不可欠となります。そしてリーダーシップとは、経営者個人が発揮するものではなく、再建を行うチームがリーダーシップを持っていれば、経営の改善は皆にとって普段の活動の一部になっていき、必然的に改善の方向に進んでいくようになるでしょう。

意見を集め分析しないといけないし、迎合してもいけない

　ここで「強いリーダーシップ」といったのには意味があります。経営再建の流れを作るためには確かな根拠に基づいた戦略が必要です。経営者と再建チームは社内外から情報を集められるだけ集めて、問題点を発見し、最良の改善方法を見つけて戦略にとりまとめて実行しなければなりません。

　時々見られるミスは「**ポピュリズム**」です。社内外の意見は分け隔てなく集める必要がありますが、だからといって最大公約数の意見を採用してしま

うと経営は改善しません。そこには分析というプロセスがなく、最良の戦略でもないからです。その分析や戦略立案は経営者と再建チームが行うものですが、それを部下の意見の多数決で決めるのであれば、「分析も戦略も不要」ということを意味します。ひいては「経営者も不要」ということになってしまいます。

しかし、分析も戦略も経営者も必要です。ゆえに、「部下の人気がほしい」、「周囲にいい顔をしたい」などという理由で動く人は経営を行ってはいけませんし、再建チームに入れてはいけません。周囲に嫌われようとも長期の全体最適のために、真摯に問題に取り組める人間でないと務まりません。

このように、経営再建に限らず、経営は周囲の意見を必ず収集して分析し、戦略に反映しないといけませんが、決して迎合してはならないのです。

強い意志が動きを生む

では、どのようにして動けば良いのでしょうか。また、どのようにして周囲を引っ張っていくべきでしょうか。それは、先にも述べた「リーダーシップ」であり、それを裏付けるものは確かな根拠と明確な方向性がある「戦略」です。そして、このリーダーシップの原動力こそが「強い意志」なのです。

少し観念的な表現ですが、強い意志は、話術やプレゼンテーション能力と同様な技術だと思います。上に立つ人間、人を引っ張らなければならない人間に必要なものは、意志の力であり不退転の覚悟です。浮足立って不安がっている経営者を見て、従業員は安心して付いていくでしょうか。周囲の協力者も銀行も引っ張らないといけない経営者と再建チームは「必ず再建できる」という強い意志の下、その責任を背負って前進しないといけません。

不安がって怯えていては何も解決しないだけでなく、事態は日増しに悪くなるだけです。そもそも前に進むしか答えはないでしょう。日本経済全体を見ても思うのですが、不安がるよりも先にすることはあるはずです。問題の

最大のリスク（さいだいのりすく）：周囲の条件の変化によって異なるが、経営状態が悪化しているとき、または乱世では変化しないことが最大のリスクとなる。

ポピュリズム（ぽぴゅりずむ）：民衆迎合型の政治的立場。企業において経営者がそのような姿勢だと、従業員の最大公約の意見に従うため、一般に変化に乏しく消極的な姿勢になる。

解決には唯一の方法などありません。たくさんのことを実行する必要がありますし、日々修正を重ねなければなりません。それを可能とするのがチームであり、彼らに持たせるものが経営の武器である技術なのです。

そう考えれば、この厳しい状態をむしろ得難い経験と捉え、ポジティブに前に進む強い意志こそが再建の成否を分けるものであるといえます。つまり、強い意志がすべての流れを生むのだと思います。

儲かる経営は必ずできる

以上のようなマインドとリーダーシップがあれば、必ず勝利の方程式は見えてきます。どのような事業にも損益分岐点があり、利潤極大化点があります。あらゆる問題も固定概念を取り払えば簡単に解決することがあります。これは私自身コンサルタントとしてだけでなく、教育者としても実践しているところです。

近畿大学農学部の大学祭では、各サークルや研究室が模擬店を出しますが、水産経済学研究室では学生が中心になって取り組みます。どの店も楽しむことが重要なので、2日間の売上は平均2〜3万円程度なのですが、私たちの研究室では「マーケティングの技術」、「経営の技術」を体験させるために指導しています。その結果、2010年は2日間で15万円の売上で8万円の利益、2011年は2日間で20万円の売上で10万円の利益を得ました（人件費を換算するとトントンですが…）。

これも、最初は「どうせできない」、「やっても儲からない」、「5万円いけたら良い」という学生の感覚が当たり前だった中、「技術があれば15万円はできる」と述べ、ローテーションの組み方、機会損失の防止、商品化、回転率を高める工夫、鮮度・衛生管理、味に対するこだわりなどの技術を複合的に取り入れて指導し、学生らの手によって実現しました。

私自身にとっては、数十の経営体の経営再建、100を優に超える事業を繰り返し、実践してきたことなので、技術的に特別なことはありません。しかし技術がない経営体にとってそれは常識ではないのです。技術を全く持っていなかった学生ですらこのような活動ができるということは、決して経営というものが特別な人間が行うものではないということを意味しています。技術さえあれば「儲かる経営は必ずできる」と、私は強く思うのです。

おわりに

　私にとって、水産業というものは特別な存在です。父が長く養殖業者の役員をしていたこと、母方の叔父も量販店の水産バイヤーだったことなどが、水産業に直に接する機会になりました。子供のころから父親の勤める養殖場に遊びに行っていましたし、毎日のように魚を食べ、いつの間にか水産の現場は私の心のふるさとになっていました。そしてそこにいる大人は私の憧れであり、いつまでも尊敬の念を抱く存在です。

　しかし私が学生の時分、進路を考えるころには、水産業は日に日に厳しい状態になっていっており、それはわが家でも肌身に感じることとなりました。そのため日本の水産業を守りたい、日本の水産業を強い産業にしていきたいと強く思うようになりました。そしてその方向で大学に進み、現在の仕事に至っています。特に水産業というビジネスで勝つということと同時に、多くの雇用を支えるということが大切であり、その方法を学び伝えることが私の役割だと思っています。いつも、水産に生きる人たちが、幸せであってほしいと思い、今の仕事をしています。

　単に効率化を実現しようと思えば、省力化を徹底的に進めることや人件費の安い途上国に拠点を移せば良いことになります。しかしそれでは日本の漁村に暮らす、多くの方々の生活を守ったり、雇用を生んだりすることにはつながりません。

　つまり、私にとっては、日本の漁村に雇用があって、そこで人々が当たり前の生活ができることが目的であるので、取るべき戦略は単なる合理化ではないのです。だからといって補助金に頼った弱った生活をするということではありません。

　そこにある答えは「経営の強化」です。そしてそれはこれまでの私の経験から「可能」だと思っています。

　私は大学教員になる前は会社の経営者でしたし、現在も教員をする傍ら、会社の経営者をしています。そのため経営の難しさはよく体感します。決して頭でっかちなだけではできないものであることは、うまくいかないときに

特に感じます。しかし、そのうまくいかないことを学びの機会として挑み続けていくことによって、必ず自らの血肉になっていると実感しています。

そして、挑戦を続けたことによって、私の会社には志を同じくする仲間が集っており、皆日本の農林水産業が持続可能になることを目的に仕事をしています。おもしろいもので、ずっと同じ気持ちで走っていれば、同じ志を持った人が集まってくるものだと実感しています。大学の教え子たちも、同じように日本の経済を主体的に支える人材になろうと前を向いて自分で考えて行動できるようになっています。そういった流れが水産業などの第一次産業、ひいては日本経済全体の「強化」につながっていくのではないかと期待しているところです。

繰り返しになりますが、本書は月刊「養殖」の連載を整理したものです。ただし、この内容は連載の中間地点までのものであり、「会計の基礎」や「マネジメント」など「内側向け」の経営技術の取りまとめになります。「経営合理化」、つまり生産性を高め、変化に柔軟に対応できるようになる「体」を作るための内容です。

しかし、競争に勝てる経営体にするためには、さらに情報収集、営業・マーケティング、関係者調整、読み取るべき国際動向といった「外側向け」の経営技術が必要です。連載の後半はこの外側向けの経営技術について解説しています。これらについてはまた別の機会にとりまとめ、ご紹介できましたら幸いです。

本書を完成に導いていただいた緑書房社長 森田猛氏、担当の秋元理氏はじめ編集部各位、私の家族、近畿大学多田稔先生、高原淳志君をはじめとする仲間たちに、深くお礼申し上げます。

2012年4月

有路昌彦

■著者プロフィール
....
近畿大学農学部水産学科水産経済学研究室 准教授
有路 昌彦（ありじ まさひこ）

京都大学農学部卒。大手銀行系シンクタンク研究員、民間研究所取締役を経て、近畿大学農学部水産学科水産経済学研究室准教授。自然産業研究所取締役、農林水産省各種委員、国際委員などを兼務。水産コンサルタントとして、全国の漁協や漁業者へ指導を行う。リスクコミュニケーターとしても活躍しており、大手企業の指導を行っている。著書、講演多数。各種学会賞受賞。主要な著書に「水産経済の定量分析」成山堂書店、「無添加はかえって危ない」日経BP社などがある。

脱どんぶり勘定!!
水産業者のための会計・経営技術

Midori Shobo Co.,Ltd

2012年5月10日　第1刷発行

著　者	有路　昌彦（ありじ　まさひこ）
発行者	森田　猛（もりた　たけし）
発行所	株式会社　緑書房（みどりしょぼう） 〒103-0004 東京都中央区東日本橋2丁目8番3号 ＴＥＬ 03-6833-0560 http://www.pet-honpo.com
デザイン	株式会社 アイワード、株式会社 メルシング
印刷所	株式会社 アイワード

© Masahiko Ariji
ISBN 978-4-89531-028-4　Printed in Japan
落丁，乱丁本は弊社送料負担にてお取り替えいたします．

本書の複写にかかる複製，上映，譲渡，公衆送信（送信可能化を含む）の各権利は株式会社緑書房が管理の委託を受けています．

JCOPY 〈㈳出版者著作権管理機構 委託出版物〉
本書を無断で複写複製（電子化を含む）することは，著作権法上での例外を除き，禁じられています．本書を複写される場合は，そのつど事前に，（社）出版者著作権管理機構（電話03-3513-6969，FAX03-3513-6979，e-mail：info@jcopy.or.jp）の許諾を得てください．
また本書を代行業者等の第三者に依頼してスキャンやデジタル化することは，たとえ個人や家庭内の利用であっても一切認められておりません．